高职高专机电一体化专业规划教材

公差配合与测量
(第 3 版)

胡瑢华　主　编

严　萍　甘泽新　副主编

清华大学出版社
北京

内 容 简 介

本书采用最新的国家标准，介绍新国家标准的规定及应用。根据高职高专的教学特点及市场人才的知识需求，本书对教学内容进行了精简。全书共分为 10 章，主要内容包括：绪论，光滑圆柱体结合的公差与配合，几何公差及其误差，表面粗糙度及其评定，测量技术基础，滚动轴承的互换性，键和花键的互换性，螺纹结合的互换性，圆柱齿轮传动的互换性，尺寸链。本书概念清晰，内容紧凑，结合实际，重视应用。各章均有例题、习题及相关公差表格，以满足教学需要。

本书可作为普通高等院校、高职高专机电一体化、数控技术与现代模具等专业的教材，也可供其他行业的工程人员及计量、检测人员等参考。

图书在版编目(CIP)数据

公差配合与测量/胡瑢华主编. —3 版. —北京：清华大学出版社，2017(2023.3 重印)
(高职高专机电一体化专业规划教材)
ISBN 978-7-302-45400-7

Ⅰ. ①公… Ⅱ. ①胡… Ⅲ. ①公差—配合—高等职业教育—教材 ②技术测量—高等职业教育—教材
Ⅳ. TG801

中国版本图书馆 CIP 数据核字(2016)第 260164 号

责任编辑：陈冬梅　桑任松
装帧设计：杨玉兰
责任校对：周剑云
责任印制：朱雨萌

出版发行：清华大学出版社
　　　　　网　　　址：http://www.tup.com.cn, http://www.wqbook.com
　　　　　地　　　址：北京清华大学学研大厦 A 座　　　邮　　编：100084
　　　　　社 总 机：010-83470000　　　　　　　　　　邮　　购：010-62786544
　　　　　投稿与读者服务：010-62776969, c-service@tup.tsinghua.edu.cn
　　　　　质量反馈：010-62772015, zhiliang@tup.tsinghua.edu.cn
　　　　　课件下载：http://www.tup.com.cn, 010-83470236
印 装 者：涿州市般润文化传播有限公司
经　　销：全国新华书店
开　　本：185mm×260mm　　　　印　张：12.75　　　　字　　数：308 千字
版　　次：2005 年 2 月第 1 版　2017 年 8 月第 3 版　　印　次：2023 年 3 月第 4 次印刷
定　　价：39.00 元

产品编号：067730-03

前　言

机械电子工业是国民经济的装备部，机械电子工业的振兴对国民经济的发展具有特别重要的意义。而公差配合与测量学科的形成及其发展和机械电子工业的发展密切相关，它不仅将实现互换性生产的标准化领域与计量学领域的有关知识结合在一起，而且涉及机械电子产品的设计、制造、维修、质量控制、生产组织管理等许多方面，因此，"公差配合与测量"是一门综合性的应用技术基础学科，是机械类专业的必修课程。

本书在第 2 版的基础上，征求用书单位的意见后，综合国内同类教材和最新的国家标准进行了适当的修订和完善。本书在修订后主要突出以下特色。

(1) 保持上一版的特色和风格，在适度、够用的基础上，加强"三基"(基本理论、基本知识、基本技能)，拓宽方向，重在实用。

(2) 依据新的国家标准，对滚动轴承配合章节进行了全面修订。

(3) 为了更好地适应教学需要，力求使教材内容更加精练，重点突出，在表述上力求通俗、新颖，并增加了部分习题。

本书共分为 10 章，各章主题分别是绪论、光滑圆柱体结合的公差与配合、几何公差及其误差、表面粗糙度及其评定、测量技术基础、滚动轴承的互换性、键和花键的互换性、螺纹结合的互换性、圆柱齿轮传动的互换性、尺寸链。

本书由胡瑢华任主编，南昌大学机电工程学院教师甘泽新、严萍参与了部分章节的编写。

在本书的编写过程中，得到了南昌大学机电工程学院教师们的热情指导，在此表示感谢。

限于编者的水平，书中难免存在不足之处，恳请读者批评指正。

编　者

目 录

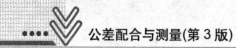

第1章 绪 论

本章的学习目的是了解本课程的性质、任务、基本内容、特点和要求。本章的主要内容有：互换性的概念、分类和作用；标准的基本概念，标准化的意义与基本原理；优先数与优先数系的基本内容和特点，数值标准化的意义以及优先数系在标准化中的作用。

1.1 互换性的意义与作用

1.1.1 互换性的概念

互换性是指在同一规格的一批零件或部件中，任取其一，不需经过挑选或修配(例如钳工修理)，就能装在机器上，并能达到规定的功能要求。互换性在日常生活中随处可见，例如，自行车或钟表的零件损坏后，修理人员就能用同样规格的零件换上，恢复其使用功能。

互换性是机械制造、仪器仪表和其他许多工业生产部门产品设计和制造的重要原则。机械制造、仪器仪表的互换性通常包括以下几部分：几何参数互换(如尺寸)、机械性能互换(如硬度、强度等)，以及理化性能互换(如化学成分、导电性等)等。本课程仅讨论几何参数的互换性。

所谓几何参数主要指尺寸大小、几何形状(包括微观几何形状及宏观几何形状)以及形面间的相互位置关系等。

为了完全满足互换性的要求，同一规格的零、部件的几何参数做得完全一致是最理想的。但在加工零件的过程中，由于各种因素(如机床、刀具、温度等)的影响，零件的尺寸、形状和表面粗糙度等几何量难以达到理想状态，总是存在或大或小的加工误差。而且从零件的使用功能来看，也不必要求零件的几何量制造得绝对准确。

在实际中只要求同一规格的零、部件的几何参数保持在一定的范围内，就能达到互换性的目的。这个允许零件几何参数的变动量就称为"公差"。

1.1.2　互换性的作用

使用互换性原则能使各工业部门获得最佳的经济效益和社会效益，现代化的机械工业首先要求机械零件具有互换性，才能将成千上万的零部件进行高效率的、分散的、专业化的生产，然后集中起来进行装配。零、部件互换性的作用主要体现在以下几方面。

1. 设计方面

在零、部件具有互换性的基础上，能最大限度地使用标准件，简化绘图和计算等工作，使设计周期变短，有利于产品更新换代和 CAD 技术的应用。

2. 制造方面

在零、部件具有互换性的基础上，可以组织专业化生产，使用专用设备和 CAM 技术，提高产品质量，降低生产成本。

3. 使用和维修方面

在零、部件具有互换性的基础上，可以及时更换那些已经磨损或损坏的零部件。对于某些易损件可以提供备用件，提高机器的使用价值。

总之，互换性是现代化制造业中一个普遍遵守的生产原则，不但是成批、大量生产的基础，也是单件小批生产必须遵循的基本原则。

1.1.3　互换性的种类

按不同场合对于零部件互换形式和程度的不同要求，可将互换性分为完全互换和不完全互换。

1. 完全互换

完全互换的要求是零部件在装配时，不需要挑选和辅助加工，安装后就能保证预定的使用性能要求。如常见的螺栓、螺母、齿轮、滚动轴承等。

2. 不完全互换

不完全互换是指允许零部件在装配前预先分组或在装配时采取调整等措施，这类互换又称为有限互换。

如某零部件精度很高，要求配合后间隙变动量很小，又要求孔与轴都具有完全互换性，为了减小加工困难，可将孔、轴各自的变动范围加大(例如加大 3 倍)，使生产难度减小。装配前分别将孔、轴等分成 4 组，相同组号间进行互换。这样既保证了装配要求，又适应了生产。这种方法称为分组装配。

再如普通车床的尾顶尖与主轴顶尖连线应与机床导轨平行(即两轴线相对机床导轨等高)，为避免出现废品就采用钳工修配的方法进行装配。

上述两种方法均称为不完全互换。

对于标准件，互换性又可分为内互换和外互换。构成标准部件的零件之间的互换称为内互换。标准部件与其他零部件之间的互换称为外互换。例如，滚动轴承外圈内滚道、内圈外滚道与滚动体之间的互换即为内互换；滚动轴承外圈外径与机壳孔的互换为外互换。

1.2　公差与配合的发展简述

最早的公差制度出现在 1902 年的英国伦敦，随着当时机械工业的发展，扩大互换性生产的规模和控制机器设备的供应提到日程上，要求企业内部有统一的公差与配合标准，以生产剪毛机为主的 Newall 公司制定了尺寸公差的"极限表"，这是最早的公差制。

初期的公差标准有：1906 年英国的国家标准 B.S.27；1924 年英国的国家标准 B.S.164；1925 年美国的国家标准 A.S.A.B4a。德国国家标准 DIN 在公差标准发展史上占有重要地位。苏联也在 1929 年颁布了"公差与配合"标准。

为了便于国际交流，1926 年成立了国际标准化协会(ISA)。在综合德国、英国、法国、瑞士标准的基础上，国际标准化协会(ISA)于 1932 年提出了关于公差与配合标准的议案，但一直到 1940 年才正式颁布国际公差与配合标准。1947 年 2 月国际标准化协会重组并改名为国际标准化组织(ISO)。1962 年 ISO 在原有标准的基础上，陆续制定了一系列标准。20 世纪 80 年代末国际标准化组织对 ISO 公差与配合制进行了修订，以适应现代科学技术发展的需求。

我国在 1944 年就制定了"尺寸公差与配合"的国家标准，但实际没有贯彻执行。新中国成立后，我国第一机械工业部于 1955 年参照苏联标准，颁布了"公差与配合"的部颁标准，这是我国执行的第一个公差与配合标准；1959 年国家科委正式颁布了"公差与配合"的国家标准(GB 159～174—59)，并陆续又制定了一系列标准。我国在 1978 年成为 ISO 成员国，1979 年参照国际标准制定了"公差与配合"的国家标准(GB 1800～1804—79)。为了适应我国经济技术发展的需要，在国家标准局统一领导下，根据 ISO 标准的修订情况，从 1994 年开始我国对公差与配合系列标准进行了全面修订。经国家技术监督局批准，颁布了公差与配合的国家标准《极限与配合　基础　第 1 部分：词汇》(GB/T 1800.1—1997)、《极限与配合　基础　第 2 部分：公差、偏差和配合的基本的规定》

(GB/T 1800.2—1998)、《极限与配合 基础 第 3 部分：标准公差和基本偏差》(GB/T 1800.3—1998)、《极限与配合 标准公差等级和孔、轴的极限偏差表》(GB/T 1804—1999)，代替 1979 年颁布的旧国标(GB 1800～1804—79)中的相应内容。近年来我国又修订了公差与配合标准，尽可能使我国的国家标准与国际标准一致或等同。这些新修订的标准主要有《一般公差 未注公差的线性和角度尺寸的公差》(GB/T 1804—2000)、《产品几何技术规范(GPS) 极限与配合 第 1 部分：公差、偏差和配合的基础》(GB/T 1800.1—2009)、《产品几何技术规范(GPS) 极限与配合 第 2 部分：标准公差等级和孔、轴极限偏差表》(GB/T 1800.2—2009)和《产品几何技术规范(GPS) 极限与配合 公差带和配合的选择》(GB/T 1801—2009)等。

1.3 标准化与优先数系

1.3.1 标准与标准化

标准与标准化虽然是两个不同的概念，但又是不可分割的。没有标准就没有标准化；反之，没有标准化，标准也就失去了存在的价值。

1. 标准

标准是指为了在一定的范围内获取最佳秩序，经协商一致制定并由公认机构批准，共同使用的和重复使用的一种规范性文件。标准应以科学、技术和经验的综合成果为基础，以促进最佳的共同效益为目的。

2. 标准化

标准化是指制定标准、贯彻标准和修改标准的全过程，是一个系统工程。在现代化机械工业生产中，标准化是实现互换性的基础。要全面保证零部件的互换性，不仅要合理地确定零件制造公差，还必须对影响生产质量的各个环节、阶段及有关方面实现标准化。比如：优先数系、几何公差及表面质量参数的标准化，计量单位及检测规定等的标准化等。可见，在机械制造业中，任何零部件要使其具有互换性，都必须实现标准化，没有标准化，就没有互换性。

3. 我国标准的分类

按使用范围，我国标准由国家标准、行业标准、地方标准和企业标准四个层次构成。对需要在全国范围内统一的技术要求，可制定国家标准。对没有国家标准而又需要在全国某个行业范围内统一的技术要求，可制定行业标准。对没有国家标准和行业标准而又需要在省、自治区、直辖市范围内统一的工业产品的安全、卫生要求，可制定地方标准。 企业生产的产品没有国家标准、行业标准和地方标准的，应当制定相应的企业标准。对已有国家标准、行业标准或地方标准的，鼓励企业制定严于国家标准、行业标准或地方标准要求的企业标准。

按照标准化对象的特性，标准分为基础标准、产品标准、方法标准、安全标准、卫生标准等。基础标准是指在一定范围内作为其他标准的基础并普遍使用、具有广泛指导意义的标准，如《极限与配合》《几何公差 形状、方向、位置和跳动公差标注》等。

《中华人民共和国标准化法》规定，国家标准和行业标准分为强制性和推荐性两类。保障人体健康，人身、财产安全的标准，以及法律、行政法规规定强制执行的标准是强制性标准，其他标准是推荐性标准。

1.3.2 优先数系

为了满足不同用户的要求，在产品设计、制造和使用中，产品的性能参数(如承载能力)、尺寸规格参数(如产品规格、零件尺寸)等均需通过数值表达；同一品种同一参数还要从大到小取不同的值，从而形成不同规格的产品系列。由于产品参数数值具有扩散传播的特性，如一定直径的螺栓将会扩散传播出螺母尺寸、螺栓检验环规尺寸、螺母检验塞规尺寸以及加工螺纹用的板牙和丝锥尺寸、紧固用的扳手尺寸等，因此，产品及各种参数系列确定是否合理直接影响组织生产、协作配套、使用维修等方面的成效与费用；而这个系列确定是否合理与所取数值如何分档、分级有直接关系。

优先数和优先数系就是一种科学的数值制度，它适合于各种数值的分级，是国际上统一的数值分级制度。目前，国家标准《优先数和优先数系》(GB/T 321—2005)是采用这种十进制等比数列作为优先数系的。采用优先数系能使工业生产部门以较少的产品品种和规格，经济合理地满足用户的各项要求。它不仅适用于制定标准，也适用于标准制定前的规划、设计等工作，从而保证把产品品种的发展从根本上引入科学的标准化轨道。

国家标准规定优先数系的五个系列，即按五个公比形成的数系，分别用 R5、R10、R20、R40、R80 表示，其中前 4 个为基本系列，最后一个为补充系列。国标中规定的五个优先数系的公比分别为：

R5 系列 　　　公比为 $\sqrt[5]{10} \approx 1.60$ ；

R10 系列 　　公比为 $\sqrt[10]{10} \approx 1.25$ ；

R20 系列 　　公比为 $\sqrt[20]{10} \approx 1.12$ ；

R40 系列　　公比为 $\sqrt[40]{10} \approx 1.06$；

R80 系列　　公比为 $\sqrt[80]{10} \approx 1.03$。

例如：在区间[1, 10]中，R5 系列有 1.6、2.5、4.0、6.3、10.0 五个优先数；R10 系列在 R5 系列中插入 1.25、2.00、3.15、5.00、8.00，共有十个优先数(参阅表 1.1)。在 R5 系列中插入比例中项 1.25，即得出 R10 系列；R5 系列的各项数值包含在 R10 系列中。同理，R10 系列的各项数值包含在 R20 系列中；R20 系列的各项数值包含在 R40 系列中；R40 系列的各项数值包含在 R80 系列中。

应当指出，根据生产需要，也可以派生出变形系列，即派生系列和复合系列。派生系列是指从某系列中按一定项差取值所构成的系列，如 R10/3 系列，即在 R10 数列中按每隔 3 项取 1 项的数列，其公比为 $R10/3 = (\sqrt[10]{10})^3 = 2$。如 1、2、4、8、…；1.25、2.5、5、10、…。复合系列是指由若干等比系列混合构成的多公比系列，如 10、16、25、35.5、50、71、100、125、160 这一数列，它是由 R5、R20/3 和 R10 三种系列构成的混合系列。

优先数系是一项重要的基础标准，我国现行的优先数系与国际标准相同。一般机械产品的主要参数通常遵循 R5 系列和 R10 系列；专用工具的主要尺寸遵循 R10 系列；通用型材、通用零件及工具的尺寸，以及铸件的壁厚等遵循 R20 系列。

表 1.1　优先数基本系列(摘自 GB/T 321—2005)

R5	R10	R20	R40	R5	R10	R20	R40	R5	R10	R20	R40
1.00	1.00	1.00	1.00			2.24	2.24		5.00	5.00	5.00
			1.06				2.36				5.30
		1.12	1.12	2.50	2.50	2.50	2.50			5.60	5.60
			1.18				2.65				6.00
	1.25	1.25	1.25			2.80	2.80	6.30	6.30	6.30	6.30
			1.32				3.00				6.70
		1.40	1.40		3.15	3.15	3.15			7.10	7.10
			1.50				3.35				7.50
1.60	1.60	1.60	1.60			3.55	3.55		8.00	8.00	8.00
			1.70				3.75				8.50
		1.80	1.80	4.00	4.00	4.00	4.00			9.00	9.00
			1.90				4.25				9.50
	2.00	2.00	2.00			4.50	4.50	10.00	10.00	10.00	10.00
			2.12				4.75				

1.4　本课程的性质和特点

1.4.1　本课程的性质及任务

本课程是高职高专机械、仪器仪表类相关专业的一门技术基础课，它与"机械制图"

"机械原理"等课程一样是机械设计的基础。本课程的研究对象是机械或仪器零部件的精度设计及其检测原理，即几何参数的互换性。在教学计划中，本课程是联系机械设计和机械制造工艺的纽带，是从基础课过渡到专业课的桥梁。

本课程的任务就是研究机器和仪器零部件精度设计的原则和方法，以及确保产品质量的测量技术。随着科学技术的迅猛发展和生产水平的不断提高，对机械产品的功能和质量的要求也越来越高。为了适应国民经济现代化进程的需要，必须学习和研究互换性与测量技术中的最新科研成果。

1.4.2 本课程的特点

本课程由互换性与测量技术两大部分组成，它们分别属于标准化和计量学两个不同的范畴，本课程将它们有机地结合在一起，形成了极重要的技术基础课，以便于综合分析和研究进一步提高机械及仪器仪表产品质量所必需的两个重要技术环节。

本课程的特点是：术语及定义多、符号多、具体规定多、内容多、经验总结多，而逻辑性和推理性较少，使刚刚学完基础理论课的学生感到枯燥、内容繁多，记不住、不会用，因此学习者应当有充分的精神准备完成由基础课向专业课过渡这一进程。

1.4.3 本课程的学习方法

本课程的主干是各种国家标准。公差标准就是技术法规，要注意其严肃性，在进行精度设计时既要满足标准规定的原则，又要根据不同的使用要求灵活选用。机械产品的种类繁多，使用要求各异，因此熟练地掌握公差与配合的选用并非一件轻而易举的事。

学生在学习中，应当了解每个术语、定义的实质，及时归纳总结并掌握各术语及定义的区别和联系。在此基础上应当牢记它们，才能灵活运用。应当认真独立完成作业，认真独立完成实验，巩固并加深对所学内容的理解与记忆，掌握正确的标注方法，熟悉公差与配合的选择原则和方法。树立理论联系实际、严肃认真的科学态度，培养基本技能，重视微型计算机在检测领域的应用。只有在后续课程(设计类和工艺类课程)学习中，特别是机械零件课程设计、专业课课程设计和毕业设计中，才能加深对本课程学习内容的理解，初步掌握精度设计的要领。而要达到正确运用本课程所学知识，熟练正确地进行零件精度设计，还需要经过实际工作的锻炼。对学习过程中遇到的困难，应当坚持不懈地努力。反复记忆、反复练习、不断应用是达到熟练的保证。

1.5 习 题

1. 什么叫互换性？互换性的分类有哪些？互换性有什么作用？

2. 标准和互换性之间有何关系？

3. 判断下列叙述是否正确(正确的打√，错误的打×)。

(1) R5 系列是指含有 0.5、1、1.5、2、2.5、3、…的数系。　　　　　　( )

(2) 标准化是通过制定、发布和实施标准，并达到统一的过程，因此标准化活动的核心是标准。　　　　　　　　　　　　　　　　　　　　　　　　( )

(3) 企业标准化比国家标准层次低，因而企业标准在要求上可稍低于国家标准。
　　　　　　　　　　　　　　　　　　　　　　　　　　　　　　　　( )

(4) 应用互换性可使设计工作简化、提高效率、降低成本，并使维修和使用方便。
　　　　　　　　　　　　　　　　　　　　　　　　　　　　　　　　( )

4. 优先数系是一种什么数列？它有何特点？有哪些优先数的基本系列？

5. 第一项为 10，按 R5 数系确定后五项优先数。

6. 试写出 R10/3 和 R10/5 两派生系列自 1 以后的 5 个优先数的值。

7. 在生产中采用的分组装配法，属于哪种类型的互换？

第2章 光滑圆柱体结合的公差与配合

本章的学习目的是掌握公差与配合的一般规律，为合理选择尺寸公差与配合、学习其他典型零件的公差与配合打下基础。学习的主要内容为：理解尺寸公差有关的基本术语及定义，明确尺寸公差带的特点；掌握选用尺寸公差等级及其数值的原则和方法；学会尺寸公差在图样上的表达方法。

2.1 概　　述

由于各种因素的影响，如机床精度的限制、刀具刃磨角度的误差、工艺系统刚性较差等，在加工过程中，零件的尺寸、形状、微观几何形状(表面粗糙度)以及相互位置等几何量总会存在一定的误差。为了满足互换性要求，使相同规格的零部件的几何参数接近一致，必须控制加工误差。

如何控制加工误差，大致体现在两个方面：①在设计时，规定一定的公差(即允许零件几何参数的变动量)来控制加工误差；②在加工时和加工后控制加工误差是根据设计时规定的公差，选择合理的加工方法和按设计要求进行合理的测量。

为了能保证零部件的互换性要求，设计者应当使产品达到一定的要求和标准规定，选用国家标准规定的公差数值，不能任意规定或只凭计算确定公差数值。

圆柱体结合的公差与配合是机械工程方面重要的基础标准，它不仅适用于圆柱体，也适用于其他结合中由单一尺寸确定的部分。目前我国使用的"极限与配合"的标准包括：《极限与配合　第1部分：公差、偏差和配合的基础》(GB/T 1800.1—2009)、《极限与配合　第2部分：标准公差等级和孔、轴的极限偏差表》(GB/T 1800.2—2009)、《极限与配合　公差带和配合的选择》(GB/T 1801—2009)、《一般公差　未注公差的线性和角度尺寸的公差》(GB/T 1804—2000)。

2.2 公差与配合的基本术语及定义

2.2.1 有关"尺寸"的术语及定义

1. 孔、轴

孔：主要指圆柱体内表面，也包括其他内表面中由单一尺寸确定的部分。

轴：主要指圆柱形外表面，也包括其他外表面中由单一尺寸确定的部分。

根据定义可以看出图 2.1 中，A、d_2、d_3、d_4 应当视为"轴"，而 B、d_1 应视为"孔"。从加工过程看，越加工越大的尺寸是孔尺寸，越加工越小的尺寸是轴尺寸。从装配关系看，凡有包容与被包容关系的两者，前者为孔，后者为轴。

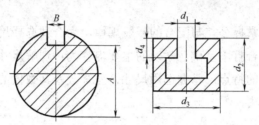

图 2.1　孔与轴的示意图

2. 尺寸

尺寸是指用特定单位表示线性尺寸和角度尺寸的数值。线性尺寸是指长度值，包括直径、半径、宽度、深度、高度和中心距等。在机械制图中图样上的线性尺寸的特定单位为 mm。角度尺寸表示角度值，单位为度(°)，分(′)，秒(″)。

本章所说的尺寸一般情况下表示长度量。

3. 公称尺寸

公称尺寸是指设计给定的尺寸。它是设计时根据使用要求，通过计算或根据经验确定的尺寸。通常应按标准选取，以减少定值刀具、量具、夹具等的规格。

公称尺寸是计算极限尺寸和极限偏差的起始尺寸，公称尺寸应标注在图样中。孔的公称尺寸用 D 表示，轴的公称尺寸用 d 表示。

4. 极限尺寸

极限尺寸是指允许尺寸变化的两个界限值。其中较大的一个称为上极限尺寸，孔、轴的上极限尺寸分别用 D_{max}、d_{max} 表示；较小的一个称为下极限尺寸，孔、轴的下极限尺寸分别用 D_{min}、d_{min} 表示，如图 2.2 所示。

5. 提取组成要素的局部尺寸

提取组成要素是按规定方法，由实际要素提取有限数目的点所形成的实际要素的近似替代。而提取组成要素上两对应点之间的距离统称为提取组成要素的局部尺寸，为方便可简称为提取要素的局部尺寸。

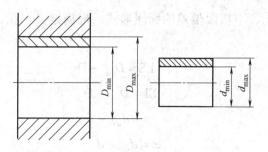

图 2.2　极限尺寸

由于存在测量误差，局部尺寸非尺寸的真值；又由于存在形状误差，零件的同一表面上的不同部位，其局部尺寸往往并不相等。孔、轴的提取要素局部尺寸分别用 D_a、d_a表示。

6. 最大实体状态和最大实体尺寸

当提取要素的局部尺寸处处位于极限尺寸之内且使其具有实体最大时的状态称为最大实体状态(MMC)。确定要素最大实体状态的尺寸为最大实体尺寸(MMS)。孔、轴的最大实体尺寸分别用 D_M、d_M 表示。根据定义可知，最大实体尺寸是孔的下极限尺寸或轴的上极限尺寸。

7. 最小实体状态和最小实体尺寸

当提取要素的局部尺寸处处位于极限尺寸之内且使其具有实体最小时的状态称为最小实体状态(LMC)。确定要素最小实体状态的尺寸为最小实体尺寸(LMS)。孔、轴的最小实体尺寸分别用 D_L、d_L 表示。根据定义可知，最小实体尺寸是孔的上极限尺寸或轴的下极限尺寸。

2.2.2　有关"偏差""公差"的术语及定义

1. 尺寸偏差

尺寸偏差(简称偏差)是某一尺寸减去其公称尺寸所得的代数差，可为正值、负值或零。在计算和标注时，除零外的值必须带有正、负号。

- 上极限偏差：上极限尺寸减去其公称尺寸所得的代数差称为上极限偏差。孔的上极限偏差用 ES 表示，轴的上极限偏差用 es 表示。
- 下极限偏差：下极限尺寸减去其公称尺寸所得的代数差称为下极限偏差。孔的下极限偏差用 EI 表示，轴的下极限偏差用 ei 表示。
- 上极限偏差总大于下极限偏差，上、下极限偏差统称为极限偏差。在图样上采用公称尺寸带上、下极限偏差的标注形式。根据定义，孔、轴极限偏差可以表示如下。

孔：
$$ES = D_{max} - D \tag{2-1}$$
$$EI = D_{min} - D \tag{2-2}$$

轴：
$$es = d_{max} - d \tag{2-3}$$
$$ei = d_{min} - d \tag{2-4}$$

● 实际偏差：实际要素减去其公称尺寸所得的代数差。孔的实际偏差用 E_a 表示，轴的实际偏差用 e_a 表示。

【例 2-1】 已知轴的公称尺寸为 $\phi 80$ mm，轴的上极限尺寸为 $\phi 79.970$ mm，下极限尺寸为 $\phi 79.951$ mm。求轴的极限偏差。

解： 代入式(2-3)、(2-4)计算得

$es = d_{max} - d = 79.970 - 80 = -0.030$(mm)

$ei = d_{min} - d = 79.951 - 80 = -0.049$(mm)

轴用公称尺寸与极限偏差在图样上标注为：$\phi 80^{-0.030}_{-0.049}$ mm

2. 尺寸公差

允许尺寸的变动量称为尺寸公差(简称公差)。尺寸公差等于上极限尺寸与下极限尺寸之代数差的绝对值，也等于上极限偏差与下极限偏差之差的绝对值。孔用 T_h 表示，轴用 T_s 表示。其计算式为

孔：
$$T_h = \left| D_{max} - D_{min} \right| = \left| ES - EI \right| \tag{2-5}$$

轴：
$$T_s = \left| d_{max} - d_{min} \right| = \left| es - ei \right| \tag{2-6}$$

注意：公差与偏差是两个根本不同的概念，公差是绝对值，不能为零，它代表制造精度的要求，反映加工的难易程度；而偏差是代数差，表示与公称尺寸偏离的程度，与加工难易程度无关。

【例 2-2】 已知孔、轴的公称尺寸为 $\phi 60$ mm，孔的上极限尺寸为 $\phi 60.030$ mm，下极限尺寸为 $\phi 60$ mm；轴的上极限尺寸为 $\phi 59.990$ mm，下极限尺寸为 $\phi 59.970$ mm。求孔、轴的极限偏差和公差。

解： 代入相应公式计算得

孔的上极限偏差　$ES = D_{max} - D = 60.030 - 60 = +0.030$(mm)

孔的下极限偏差　$EI = D_{min} - D = 60 - 60 = 0$

轴的上极限偏差　$es = d_{max} - d = 59.990 - 60 = -0.010$(mm)

轴的下极限偏差　$ei = d_{min} - d = 59.970 - 60 = -0.030$(mm)

孔的公差　　　$T_h = \mid D_{max} - D_{min} \mid = \mid 60.030 - 60 \mid = 0.030\,(\text{mm})$

轴的公差　　　$T_s = \mid d_{max} - d_{min} \mid = \mid 59.990 - 59.970 \mid = 0.020\,(\text{mm})$

孔或轴用公称尺寸与极限偏差在图样上的标注分别如下。

孔：$\phi\,60^{+0.030}_{0}$ mm　　　　　轴：$\phi\,60^{-0.010}_{-0.030}$ mm

2.2.3　公差带图

由于公差与偏差的数值与公称尺寸数值相比差别很大，不便用同一比例尺表示。为了便于讨论，这里只画出放大的孔、轴公差带，即公差与配合图解(简称公差带图)，如图 2.3 所示。

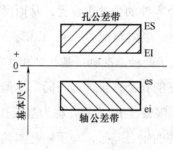

图 2.3　公差带图

1. 零线

在公差带图中，确定偏差的一条基准直线为零偏差线，简称零线。通常零线表示公称尺寸。在公差带图中，正偏差位于零线的上方，负偏差位于零线的下方。

2. 尺寸公差带

在公差带图中，由代表上、下极限偏差的两条直线所限定的一个区域，称为尺寸公差带(简称公差带)。在国家标准中，公差带包括"公差带大小"和"公差带位置"两个参数。前者由标准公差确定，后者由基本偏差确定。

3. 标准公差

国家标准规定的用以确定公差带大小的任一公差称为标准公差。

4. 基本偏差

国家标准规定的用以确定公差带相对于零线位置的上极限偏差或下极限偏差，一般以靠近零线的那个极限偏差作为基本偏差。

2.2.4 有关"配合"的术语及定义

1. 配合

配合是指一批公称尺寸相同的、相互结合的孔与轴反映在公差带图上的相互位置关系。孔轴配合时,孔的尺寸减去相配合的轴的尺寸所得的代数差为正时是间隙,为负时是过盈。

2. 基准制

配合制是以两个相配合的零件中的一个零件为标准件,并对其选定标准公差带,将其公差带位置固定,而改变另一个零件的公差带位置,从而形成各种配合的一种制度。国家标准《产品几何技术规范(GPS) 极限与配合 第 1 部分:公差、偏差和配合的基础》(GB/T 1800.1—2009)对配合规定了两种基准制:基孔制和基轴制,如图 2.4 所示。

基孔制:基本偏差固定不变的孔公差带,与不同基本偏差的轴公差带形成各种配合的一种制度。基孔制中,孔的下极限偏差 EI 为零,称为基准孔,代号为"H"。

基轴制:基本偏差固定不变的轴公差带,与不同基本偏差的孔公差带形成的各种配合的一种公差制度。基轴制中,轴的上极限偏差 es 为零,称为基准轴,代号为"h"。

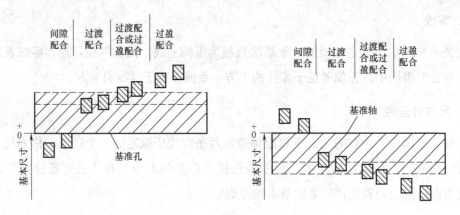

图 2.4 基孔制与基轴制配合

3. 间隙配合

具有间隙(包括最小间隙等于零)的配合称为间隙配合。在公差带图上,孔的公差带位于轴的公差带之上,如图 2.5 所示。在间隙配合时,当孔为上极限尺寸、轴为下极限尺寸时,装配后便产生最大间隙(X_{max});当孔为下极限尺寸、轴为上极限尺寸时,装配后便产生最小间隙(X_{min})。最大间隙和最小间隙统称为极限间隙,其计算式为

$$X_{max} = D_{max} - d_{min} = \text{ES} - \text{ei} \tag{2-7}$$

$$X_{\min} = D_{\min} - d_{\max} = \mathrm{EI} - \mathrm{es} \tag{2-8}$$

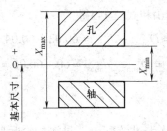

图 2.5　间隙配合

最大间隙和最小间隙的平均值称为平均间隙，其计算公式为

$$X_{\mathrm{av}} = (X_{\max} + X_{\min})/2 \qquad (>0) \tag{2-9}$$

【例 2-3 】 公称尺寸为 $\phi 60\,\mathrm{mm}$ 的孔、轴配合，已知 $D_{\max} = \phi 60.03\,\mathrm{mm}$，$D_{\min} = \phi 60\,\mathrm{mm}$，$d_{\max} = \phi 59.99\,\mathrm{mm}$，$d_{\min} = \phi 59.97\,\mathrm{mm}$。求极限间隙量。

解：代入式(2-7)、(2-8)可得

$$X_{\max} = D_{\max} - d_{\min} = 60.03 - 59.97 = +0.06 \; (\mathrm{mm})$$

$$X_{\min} = D_{\min} - d_{\max} = 60.00 - 59.99 = +0.01 \,(\mathrm{mm})$$

4. 过盈配合

具有过盈(包括最小过盈等于零)的配合称为过盈配合。过盈配合反映在公差带图上，孔的公差带在轴的公差带之下，如图 2.6 所示。当孔为上极限尺寸、轴为下极限尺寸时，装配后便产生最小过盈($Y_{\min}$)；当孔为下极限尺寸、轴为上极限尺寸时，装配后便产生最大过盈($Y_{\max}$)。最小过盈与最大过盈统称为极限过盈，其计算式为

$$Y_{\min} = D_{\max} - d_{\min} = \mathrm{ES} - \mathrm{ei} \tag{2-10}$$

$$Y_{\max} = D_{\min} - d_{\max} = \mathrm{EI} - \mathrm{es} \tag{2-11}$$

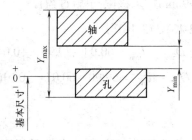

图 2.6　过盈配合

最大过盈和最小过盈的平均值称为平均过盈，其计算公式为

$$Y_{\mathrm{av}} = (Y_{\max} + Y_{\min})/2 \qquad (<0) \tag{2-12}$$

【例 2-4】已知某孔、轴的公称尺寸为 $\phi 60\,\mathrm{mm}$，$D_{\max} = \phi 60.03\,\mathrm{mm}$，$D_{\min} = \phi 60\,\mathrm{mm}$，

$d_{\max} = \phi 60.06$ mm，$d_{\min} = \phi 60.04$ mm，求极限过盈量。

解：将已知条件代入式(2-10)和式(2-11)得

$$Y_{\min} = D_{\max} - d_{\min} = 60.03 - 60.04 = -0.01\,\text{mm}$$

$$Y_{\max} = D_{\min} - d_{\max} = 60 - 60.06 = -0.06\,\text{mm}$$

5. 过渡配合

可能有间隙或过盈的配合称为过渡配合。过渡配合反映在公差带图上，孔与轴的公差带相互交叠，如图 2.7 所示。当孔为上极限尺寸、轴为下极限尺寸时，装配后得到最大间隙($X_{\max}$)；当孔为下极限尺寸，轴为上极限尺寸时，装配后产生最大过盈($Y_{\max}$)。其计算公式为：

$$X_{\max} = D_{\max} - d_{\min} = \text{ES} - \text{ei} \tag{2-13}$$

$$Y_{\max} = D_{\min} - d_{\max} = \text{EI} - \text{es} \tag{2-14}$$

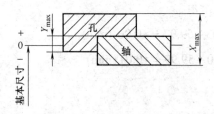

图 2.7 过渡配合

在过渡配合中，平均间隙或平均过盈为最大间隙和最大过盈的平均值，所得值为正，则为平均间隙；为负则为平均过盈。其计算公式为

$$X_{\text{av}}(Y_{\text{av}}) = (X_{\max} + Y_{\max})/2 \tag{2-15}$$

【**例 2-5**】已知孔、轴的公称尺寸为 $\phi 60$ mm，$D_{\max} = \phi 60.03$ mm，$D_{\min} = \phi 60$ mm，$d_{\max} = \phi 60.01$ mm，$d_{\min} = \phi 59.99$ mm。求极限间隙(过盈)。

解：将已知条件代入式(2-13)、(2-14)得

$$X_{\max} = D_{\max} - d_{\min} = 60.03 - 59.99 = +0.04\,\text{(mm)}$$

$$Y_{\max} = D_{\min} - d_{\max} = 60.00 - 60.01 = -0.01\,\text{(mm)}$$

6. 配合公差

配合公差(T_{f})为相互配合的孔轴公差之和，也等于极限间隙或极限过盈之差的绝对值。配合公差表示配合精度，是评定配合质量的一个重要指标。其计算式为

$$T_{\text{f}} = T_{\text{h}} + T_{\text{s}} \tag{2-16}$$

用极限间隙(或过盈)量表示为

间隙配合： $$T_{\text{f}} = \left| X_{\max} - X_{\min} \right| \tag{2-17}$$

过盈配合：$\qquad T_{\mathrm{f}} = \left| Y_{\min} - Y_{\max} \right|$ (2-18)

过渡配合：$\qquad T_{\mathrm{f}} = \left| X_{\max} - Y_{\max} \right|$ (2-19)

【例 2-6】已知公称尺寸为 $\phi 70\ \mathrm{mm}$ 的孔轴配合，$T_{\mathrm{f}} = 0.049\ \mathrm{mm}$，$X_{\max} = +0.028\ \mathrm{mm}$，$Y_{\max} = -0.021\ \mathrm{mm}$，$T_{\mathrm{s}} = 0.019\ \mathrm{mm}$，es=0，画出公差带图，说明孔轴配合性质。

解：由已知得

$$ei = es - T_{\mathrm{s}} = 0 - 0.019 = -0.019\ (\mathrm{mm})$$

$$T_{\mathrm{h}} = T_{\mathrm{f}} - T_{\mathrm{s}} = 0.049 - 0.019 = 0.030\ (\mathrm{mm})$$

$$X_{\max} = ES - ei = +0.028\ (\mathrm{mm})$$

得　　　　　　　$$ES = +0.028 + (-0.019) = +0.009\ (\mathrm{mm})$$

$$Y_{\max} = EI - es = -0.021(\mathrm{mm})\ EI = -0.021\ (\mathrm{mm})$$

公差带如图 2.8 所示，该配合是过渡配合。

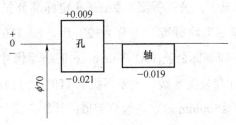

图 2.8　例 2-6 的公差带图

2.3　标准公差系列

标准公差是指大小已经标准化的公差值，即在公差与配合国家标准中所规定的用以确定公差带大小的任一公差值。公差与配合国家标准中规定的标准公差 T 是由公差等级系数 α 与公差单位 i 的乘积所确定的，即：

$$T = \alpha \cdot i \tag{2-20}$$

2.3.1　公差单位

经实践证明，机械零件的制造误差不仅与加工方法有关，而且与公称尺寸的大小有关，为了评定零件尺寸公差等级的高低，合理地规定公差数值，提出了公差单位的概念。

公差单位 i，又称公差因子，是计算标准公差的基本单位，是制定标准公差数值系列的基础。公称尺寸 $\leqslant 500\ \mathrm{mm}$ 时，公差单位 i 按下式确定：

$$i = 0.45\sqrt[3]{D(d)} + 0.001D(d) \quad (\mu m) \tag{2-21}$$

式中：$D(d)$ 为公称尺寸分段的计算值(mm)。

在式(2-21)中，第一项主要反映加工误差，第二项用以补偿与直径成线性关系的误差(主要是测量时偏离标准温度引起的误差)。当直径很小时，第二项所占比例很小；当直径较大时，第二项所占比例加大，因此公差单位 i 的值也相应增大。

公称尺寸在 500～3150 mm 范围内时，公差单位 i 按下式确定：

$$i = 0.004D(d) + 2.1\,(\mu m) \tag{2-22}$$

由上可知，公差单位取决于公称尺寸的大小。当公称尺寸相同时，将公差单位 i 乘以不同的公差等级系数，可得到不同的公差数值。

2.3.2　公差等级

在公称尺寸一定的情况下，公差等级系数 α 是决定标准公差大小的唯一参数。根据公差等级系数的不同，国家标准将标准公差分为 20 级，即 IT01、IT0、IT1、IT2、…、IT18。IT 表示标准公差，即国际公差(ISO Tolerance)的缩写代号；阿拉伯数字表示公差等级代号。例如，IT8 表示标准公差 8 级。公差等级从 IT01 至 IT18 依次降低，其中 IT01 最高，IT18 最低。公称尺寸≤500mm 时，各级公差值的计算公式见表 2.1。

表 2.1　公称尺寸≤500mm 时各级标准公差的计算公式　　　　　　　　μm

公差等级	公　式	公差等级	公　式	公差等级	公　式
IT01	$0.3+0.008D$	IT5	$7i$	IT12	$160i$
IT0	$0.5+0.012D$	IT6	$10i$	IT13	$250i$
IT1	$0.8+0.020D$	IT7	$16i$	IT14	$400i$
IT2	$(IT1)\left(\dfrac{IT5}{IT1}\right)^{1/4}$	IT8	$25i$	IT15	$640i$
IT3	$(IT1)\left(\dfrac{IT5}{IT1}\right)^{1/2}$	IT9	$40i$	IT16	$1000i$
		IT10	$64i$	IT17	$1600i$
IT4	$(IT1)\left(\dfrac{IT5}{IT1}\right)^{3/4}$	IT11	$100i$	IT18	$2500i$

从表中可以看出，从 IT6～IT18 级，α 值按 R5 优先数系增加。高公差等级 IT01、IT0 和 IT1，其公差计算式采用线性关系式。IT2～IT4 的公差值则大致在 IT1～IT5 的公差值之间按几何级数分布。标准公差之间，在 R5 数系中插入 R10 等数系，可以使公差等级向高、低等级方向延伸。例如：IT6.5 = $12.5i$。

公称尺寸在 500～3150 mm 的大范围内，国家标准也同样规定了 20 个公差等级。

2.3.3　公称尺寸分段及标准公差表

根据标准公差计算式看，每个公称尺寸都应有一个公差值。但在生产实际中公称尺寸很多，会形成一个庞大的公差数值表，给生产带来许多困难。实际上在一定尺寸范围内的不同公称尺寸所计算出的公差单位差别很小。因此为了减少标准公差数目、统一公差值、简化公差表格和便于生产实际应用，国家标准对公称尺寸进行了分段，如表 2.2 所示。

表 2.2　公称尺寸≤500 mm 时标准公差数值表(摘自 GB/T1800.1—2009)

公称尺寸	公差等级									
	IT01	IT0	IT1	IT2	IT3	IT4	IT5	IT6	IT7	IT8
	μm									
≤3	0.3	0.5	0.8	1.2	2	3	4	6	10	14
3~6	0.4	0.6	1	1.5	2.5	4	5	8	12	18
6~10	0.4	0.6	1	1.5	2.5	4	6	9	15	22
10~18	0.5	0.8	1.2	2	3	5	8	11	18	27
18~30	0.6	1	1.5	2.5	4	6	9	13	21	33
30~50	0.6	1	1.5	2.5	4	7	11	16	25	39
50~80	0.8	1.2	2	3	5	8	13	19	30	46
80~120	1	1.5	2.5	4	6	10	15	22	35	54
120~180	1.2	2	3.5	5	8	12	18	25	40	63
180~250	2	3	4.5	7	10	14	20	29	46	72
250~315	2.5	4	6	8	12	16	23	32	52	81
315~400	3	5	7	9	13	18	25	36	57	89
400~500	4	6	8	10	15	20	27	40	63	97

公称尺寸	公差等级									
	IT9	IT10	IT11	IT12	IT13	IT14	IT15	IT16	IT17	IT18
	μm			mm						
≤3	25	40	60	0.1	0.14	0.25	0.4	0.6	1	1.4
3~6	30	48	75	0.12	0.18	0.3	0.48	0.75	1.2	1.8
6~10	36	58	90	0.15	0.22	0.36	0.58	0.9	1.5	2.2
10~18	43	70	110	0.18	0.27	0.43	0.7	1.1	1.8	2.7
18~30	52	84	130	0.21	0.33	0.52	0.84	1.3	2.1	3.3

续表

公称尺寸	公差等级									
	IT9	IT10	IT11	IT12	IT13	IT14	IT15	IT16	IT17	IT18
	μm			mm						
30～50	62	100	160	0.25	0.39	0.62	1	1.6	2.5	3.9
50～80	74	120	190	0.3	0.46	0.74	1.2	1.9	3	4.6
80～120	87	140	220	0.35	0.54	0.87	1.4	2.2	3.5	5.4
120～180	100	160	250	0.4	0.63	1	1.6	2.5	4	6.3
180～250	115	185	290	0.46	0.72	1.15	1.85	2.9	4.6	7.2
250～315	130	210	320	0.52	0.81	1.3	2.1	3.2	5.2	8.1
315～400	140	230	360	0.57	0.89	1.4	2.3	3.6	5.7	8.9
400～500	155	250	400	0.63	0.97	1.55	2.5	4	6.3	9.7

注：公称尺寸小于1 mm时，无IT14至IT18。

分段后，对同一尺寸分段内的所有公称尺寸，采用统一的公差单位。计算时将相应尺寸分段内的首、尾两尺寸的几何平均值作为式(2-21)中的公称尺寸计算值。对同一尺寸分段内的所有公称尺寸，在公差等级相同的情况下，规定相同的标准公差。例如公称尺寸 D 在 80～120 mm 尺寸段内，公称尺寸用首、尾两数的几何平均值 $D = \sqrt{80 \times 120} = 97.98$ mm 代入式(2-21)计算出公差数值，再经圆整后得出标准公差数值。

2.4　基本偏差系列

2.4.1　基本偏差的意义及其代号

如前所述，基本偏差是用以确定公差带相对于零线位置的上、下极限偏差中，靠近零线的那个极限偏差。基本偏差是国家标准中确保公差带位置标准化的唯一指标。

国家标准中对孔和轴分别规定了 28 种基本偏差，基本偏差代号用拉丁字母表示，大写字母表示孔，小写字母表示轴。图 2.9 所示为基本偏差系列，在 26 个字母中去掉容易与其他含义混淆的 I(i)、L(1)、O(o)、Q(q) 和 W(w)，余下的 21 个字母再加上 7 个双写字母 CD(cd)、EF(ef)、FG(fg)、JS(js)、ZA(za)、ZB(zb) 和 ZC(zc)共 28 个，作为基本偏差的代号。其中 JS(js)将逐步取代近似对称的 J(j)，因此在国家标准中孔仅保留 J6、J7 和 J8，轴仅保留 j5、j6、j7 和 j8。

从图 2.9 中可以看出基本偏差系列分为两部分，上半部是基轴制中孔的 28 种基本偏差，下半部是基孔制中轴的 28 种基本偏差。图中基本偏差系列各公差带只画出一端，另一端未画出，因为它取决于公差带的大小。

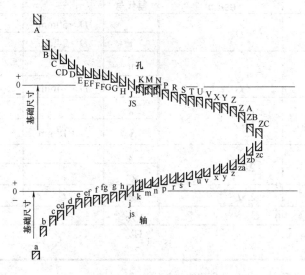

图 2.9　基本偏差系列

2.4.2　轴的基本偏差

1. 轴的基本偏差的确定

轴的基本偏差是以基孔制配合为基础而制定的。它的大小往往决定着孔、轴配合的性质，体现了设计、使用方面的要求。根据各种不同的配合要求，在生产实践和大量实验的基础上整理出一系列轴的基本偏差计算式，如表 2.3 所列。

表 2.3　公称尺寸≤500mm 的基本偏差公式(摘自 GB/T 1800.1—2009)

基本偏差代号	适用范围	基本偏差为上极限偏差 es/μm	基本偏差代号	适用范围	基本偏差为下极限偏差 ei /μm
a	$D≤120$mm	$-(265+1.3D)$	j	IT5～IT8	没有公式
a	$D>120$mm	$-3.5D$	k	≤IT3	0
b	$D≤160$mm	$-(140+0.85D)$	k	IT4～IT7	$+0.6\sqrt[3]{D}$
b	$D≤160$mm	$-(140+0.85D)$	k	≥IT8	0
b	$D>160$mm	$-1.8D$	m		$+$ (IT7～IT6)
c	$D≤40$mm	$-52D^{0.2}$	n		$+5D^{0.34}$
c	$D>40$mm	$-(95+0.8D)$	p		$+$IT7$+(0～5)$
cd		$-\sqrt{c·d}$	r		$+\sqrt{p·s}$
d		$-16D^{0.44}$	s	$D≤50$mm	$+$IT8$+(1～4)$

续表

基本偏差代号	适用范围	基本偏差为上极限偏差 es/μm	基本偏差代号	适用范围	基本偏差为下极限偏差 ei /μm
e		$-11D^{0.41}$		$D>50\text{mm}$	$+\text{IT7}+0.4D$
			t	$D>24\text{mm}$	$+\text{IT7}+0.63D$
ef		$-\sqrt{e\cdot f}$	u		$+\text{IT7}+D$
			v	$D>14\text{mm}$	$+\text{IT7}+1.25D$
f		$-5.5D^{0.41}$	x		$+\text{IT7}+1.6D$
			y	$D>18\text{mm}$	$+\text{IT7}+2D$
fg		$-\sqrt{f\cdot g}$	z		$+\text{IT7}+2.5D$
			za		$+\text{IT8}+3.15D$
g		$-2.5D^{0.34}$	zb		$+\text{IT9}+4D$
h		0	zc		$+\text{IT10}+5D$
		$js = \pm \dfrac{\text{IT}}{2}$			

注：①式中，D 为公称尺寸的分段计算值，单位为 mm。

②除 j 和 js 外，表中所列公式与公差等级无关。

2. 轴的基本偏差的特点

- a～h：基本偏差为上极限偏差，es≤0，分别与基准孔配合，得到间隙配合，其最小间隙量等于基本偏差的绝对值。其中 a、b、c 用于大间隙或热动配合，考虑发热膨胀的影响。

- d、e、f：主要用于旋转运动，保证良好的液体摩擦。g 间隙小，主要用于滑动和半液体摩擦，或用于定位配合。

- cd、ef、fg：适用于小尺寸的旋转运动。

- j：只有 IT5、IT6、IT7、IT8 四个公差等级。

- js：完全对称零线分布，上下极限偏差的绝对值相等，符号相反，基本偏差为 ±IT/2。

- k、m、n：基本偏差为下极限偏差，主要用于过渡配合，所得间隙和过盈均不很大。

- p～zc：基本偏差为下极限偏差，主要用于过盈配合，保证孔、轴结合时具有足够的连接强度，正常地传递扭矩。

在求取基本偏差的基础上，根据式(2-3)、(2-4)可求得轴的另一个极限偏差。

2.4.3　孔的基本偏差

在孔、轴为同一公差等级或孔比轴低一级配合的条件下，基轴制中的孔的基本偏差代号与基孔制中轴的基本偏差代号相同时，它们所形成的配合性质相同，即极限间隙(或过盈)量相等。因此，公称尺寸 $D \leqslant 500$ mm 时孔的基本偏差可以由轴的基本偏差换算得到。

1. 通用规则

用同一字母表示的孔、轴基本偏差的绝对值相等，而符号相反。

通用规则的适用范围如下。

对所有的 A～H 表示偏差的孔：

$$EI = -es \tag{2-23}$$

对标准公差值大于 IT8 的 K、M、N 和大于 IT7 的 P～ZC 表示偏差的孔：

$$ES = -ei \tag{2-24}$$

2. 特殊规则

当孔、轴的基本偏差代号相同时，孔的基本偏差 ES 和轴的基本偏差 ei 符号相反，而绝对值相差一个 Δ 值。这是因为国家标准规定在较高公差等级中，按孔比轴低一级来考虑配合，且要求两种基准制中同名的配合其配合性质相同。

$$ES = -ei + \Delta \tag{2-25}$$
$$\Delta = IT_n - IT_{n-1} = IT_h - IT_s$$

式中：IT_n 为某一级孔的标准公差；IT_{n-1} 为比某级孔高一级的轴的标准公差。

特殊规则的应用范围：标准公差值 $\leqslant$ IT8 的 J、K、M、N 和 $\leqslant$ IT7 的 P～ZC 表示偏差的孔。

【例 2-7】已知 $\phi\,50H7\binom{+0.025}{0} / g6\binom{-0.009}{-0.025}$，求 $\phi\,50G7/h6$ 的极限间隙或过盈量，并画出公差带图。

解：轴 $\phi\,50g6$ 和孔 $\phi\,50G7$ 同名，满足通用规则。

$\phi\,50G7$：

$$EI = -es = -(-0.009) = +0.009 \text{ (mm)}$$

$$IT7 = 0.025 - 0 = 0.025 \text{ (mm)}$$

$$ES = EI + IT7 = +0.009 + 0.025 = +0.034 \text{ (mm)}$$

轴 $\phi\,50h6$：

$$es = 0$$

$$IT6 = -0.009 - (-0.025) = 0.016 \text{ (mm)}$$

$$ei = -0.016 \text{ (mm)}$$

$$X_{\max} = ES - ei = +34 - (-16) = +50 \text{ (μm)}$$

$$X_{\min} = EI - es = 0 - (-9) = +9 \text{ (μm)}$$

公差带如图 2.10 所示。

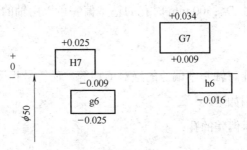

图 2.10 例 2-7 的公差带图

【例 2-8】已知 $\phi\,60\mathrm{H}7\binom{+0.030}{0}/\mathrm{p}\,6\binom{+0.051}{+0.032}$，求 $\phi\,60\mathrm{P}7/\mathrm{h}6$ 的公差带(查表验证)。

解：已知条件 $IT7 = 0.030 \text{ mm}$ $IT6 = 0.019 \text{ mm}$

$\phi\,60\mathrm{P}7$：

满足特殊规则，$\Delta = IT7 - IT6 = 0.030 - 0.019 = 0.011 \text{(mm)}$

代入式(2-25)得

$$ES = -ei + \Delta = -32 + 11 = -21 \text{ (μm)}$$

$$EI = ES - IT7 = -21 - 30 = -51 \text{ (μm)}$$

$\phi\,60\mathrm{h}6$：

$$es = 0 \text{ μm} \qquad ei = -19 \text{ μm}$$

其公差带如图 2.11 所示。

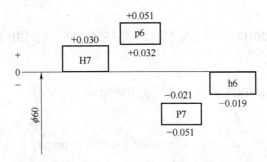

图 2.11 例 2-8 的公差带图

按上述轴的基本偏差计算公式和孔的基本偏差换算原则，国家标准列出了轴、孔的基本偏差数值表，表 2.4 和表 2.5 仅列出公称尺寸至 500mm 的公差值。

表 2.4　公称尺寸≤500mm 的轴的基本偏差（摘自 GB/T 1800.1—2009）

公称尺寸/mm 大于	至	a①	b①	c	cd	d	e	ef	f	fg	g	h	js	j 5,6	j 7	j 8	k 4~7	k ≤3,>7
		上极限偏差 es/μm												下极限偏差 ei/μm				
		所有的级																
—	3	−270	−140	−60	−34	−20	−14	−10	−6	−4	−2	0	偏差等于 ±IT/2	−2	−4	−6	0	0
3	6	−270	−140	−70	−46	−30	−20	−14	−10	−6	−4	0		−2	−4	—	+1	0
6	10	−280	−150	−80	−56	−40	−25	−18	−13	−8	−5	0		−2	−5	—	+1	0
10	14	−290	−150	−95	—	−50	−32	—	−16	—	−6	0		−3	−6	—	+1	0
14	18																	
18	24	−300	−160	−110	—	−65	−40	—	−20	—	−7	0		−4	−8	—	+2	0
24	30																	
30	40	−310	−170	−120		−80	−50		−25		−9	0		−5	−10	—	+2	0
40	50	−320	−180	−130														
50	65	−340	−190	−140		−100	−60		−30		−10	0		−7	−12	—	+2	0
65	80	−360	−200	−150														
80	100	−380	−220	−170		−120	−72		−36		−12	0		−9	−15	—	+3	0
100	120	−410	−240	−180														
120	140	−460	−260	−200		−145	−85		−43		−14	0		−11	−18	—	+3	0
140	160	−520	−280	−210														
160	180	−580	−310	−230														
180	200	−660	−340	−240		−170	−100		−50		−15	0		−13	−21	—	+4	0
200	225	−740	−380	−260														
225	250	−820	−420	−280														
250	280	−920	−480	−300		−190	−110		−56		−17	0		−16	−26	—	+4	0
280	315	−1050	−540	−330														
315	355	−1200	−600	−360		−210	−125		−62		−18	0		−18	−28	—	+4	0
355	400	−1350	−680	−400														
400	450	−1500	−760	−440		−230	−135		−68		−20	0		−20	−32	—	+5	0
450	500	−1650	−840	−480														

注：① 1mm 以下各级 a 和 b 均不采用。

续表

下极限偏差 ei/μm，公差等级 所有的级

基本偏差 大于/mm	至	m	n	p	r	s	t	u	v	x	y	z	za	zb	zc
—	3	+2	+4	+6	+10	+14	—	+18	—	+20	—	+26	+32	+40	+60
3	6	+4	+8	+12	+15	+19	—	+23	—	+28	—	+35	+42	+50	+80
6	10	+6	+10	+15	+19	+23	—	+28	—	+34	—	+42	+52	+67	+97
10	14	+7	+12	+18	+23	+28	—	+33	—	+40	—	+50	+64	+90	+130
14	18	+7	+12	+18	+23	+28	—	+33	+39	+45	—	+60	+77	+108	+150
18	24	+8	+15	+22	+28	+35	—	+41	+47	+54	+63	+73	+98	+136	+188
24	30	+8	+15	+22	+28	+35	+41	+48	+55	+64	+75	+88	+118	+160	+218
30	40	+9	+17	+26	+34	+43	+48	+60	+68	+80	+94	+112	+148	+200	+274
40	50	+9	+17	+26	+34	+43	+54	+70	+81	+97	+114	+136	+180	+242	+325
50	65	+11	+20	+32	+41	+53	+66	+87	+102	+122	+144	+172	+226	+300	+405
65	80	+11	+20	+32	+43	+59	+75	+102	+120	+146	+174	+210	+274	+360	+480
80	100	+13	+23	+37	+51	+71	+91	+124	+146	+178	+214	+258	+335	+445	+585
100	120	+13	+23	+37	+54	+79	+104	+144	+172	+210	+256	+310	+400	+525	+690
120	140	+15	+27	+43	+63	+92	+122	+170	+202	+248	+300	+365	+470	+620	+800
140	160	+15	+27	+43	+65	+100	+134	+190	+228	+280	+340	+415	+535	+700	+900
160	180	+15	+27	+43	+68	+108	+146	+210	+252	+310	+380	+465	+600	+780	+1000
180	200	+17	+31	+50	+77	+122	+166	+236	+284	+350	+425	+520	+670	+880	+1150
200	225	+17	+31	+50	+80	+130	+180	+258	+310	+385	+470	+575	+740	+960	+1250
225	250	+17	+31	+50	+84	+140	+196	+284	+340	+425	+520	+640	+820	+1050	+1350
250	280	+20	+34	+56	+94	+158	+218	+315	+385	+475	+580	+710	+920	+1200	+1550
280	315	+20	+34	+56	+98	+170	+240	+350	+425	+525	+650	+790	+1000	+1300	+1700
315	355	+21	+37	+62	+108	+190	+268	+390	+475	+590	+730	+900	+1150	+1500	+1900
355	400	+21	+37	+62	+114	+208	+294	+435	+530	+660	+820	+1000	+1300	+1650	+2100
400	450	+23	+40	+68	+126	+232	+330	+490	+595	+740	+920	+1100	+1450	+1850	+2400
450	500	+23	+40	+68	+132	+252	+360	+540	+660	+820	+1000	+1250	+1600	+2100	+2600

表 2.5　公称尺寸≤500 mm 的孔的基本偏差(摘自 GB/T 1800.1—2009)

公称尺寸/mm 大于	至	A[①]	B[②]	C	CD	D	E	EF	F	FG	G	H	JS	J 6	J 7	J 8	k ≤8	k >8	M ≤8	M >8	N ≤8	N >8
		下极限偏差 EI/μm （所有的级）												上极限偏差 ES/μm								
—	3	+270	+140	+60	+34	+20	+14	+10	+6	+4	+2	0		+2	+4	+6	0	0	−2	−2	−4	−4
3	6	+270	+140	+70	+46	+30	+20	+14	+10	+6	+4	0		+5	+6	+10	−1+Δ	—	−4+Δ	−4	−8+Δ	0
6	10	+280	+150	+80	+56	+40	+25	+18	+13	+8	+5	0		+5	+8	+12	−1+Δ	—	−6+Δ	−6	−10+Δ	0
10	14	+290	+150	+95	—	+50	+32	—	+16	—	+6	0		+6	+10	+15	−1+Δ	—	−7+Δ	−7	−12+Δ	0
14	18	+290	+150	+95	—	+50	+32	—	+16	—	+6	0	偏差等于 ±IT/2	+6	+10	+15	−1+Δ	—	−7+Δ	−7	−12+Δ	0
18	24	+300	+160	+110	—	+65	+40	—	+20	—	+7	0		+8	+12	+20	−2+Δ	—	−8+Δ	−8	−15+Δ	0
24	30	+300	+160	+110	—	+65	+40	—	+20	—	+7	0		+8	+12	+20	−2+Δ	—	−8+Δ	−8	−15+Δ	0
30	40	+310	+170	+120	—	+80	+50	—	+25	—	+9	0		+10	+14	+24	−2+Δ	—	−9+Δ	−9	−17+Δ	0
40	50	+320	+180	+130	—	+80	+50	—	+25	—	+9	0		+10	+14	+24	−2+Δ	—	−9+Δ	−9	−17+Δ	0
50	65	+340	+190	+140	—	+100	+60	—	+30	—	+10	0		+13	+18	+28	−2+Δ	—	−11+Δ	−11	−20+Δ	0
65	80	+360	+200	+150	—	+100	+60	—	+30	—	+10	0		+13	+18	+28	−2+Δ	—	−11+Δ	−11	−20+Δ	0
80	100	+380	+220	+170	—	+120	+72	—	+36	—	+12	0		+16	+22	+34	−3+Δ	—	−13+Δ	−13	−23+Δ	0
100	120	+410	+240	+180	—	+120	+72	—	+36	—	+12	0		+16	+22	+34	−3+Δ	—	−13+Δ	−13	−23+Δ	0
120	140	+460	+260	+200	—	+145	+85	—	+43	—	+14	0		+18	+26	+41	−3+Δ	—	−15+Δ	−15	−27+Δ	0
140	160	+520	+280	+210	—	+145	+85	—	+43	—	+14	0		+18	+26	+41	−3+Δ	—	−15+Δ	−15	−27+Δ	0
160	180	+580	+310	+230	—	+145	+85	—	+43	—	+14	0		+18	+26	+41	−3+Δ	—	−15+Δ	−15	−27+Δ	0
180	200	+660	+340	+240	—	+170	+100	—	+50	—	+15	0		+22	+30	+47	−4+Δ	—	−17+Δ	−17	−31+Δ	0
200	225	+740	+380	+260	—	+170	+100	—	+50	—	+15	0		+22	+30	+47	−4+Δ	—	−17+Δ	−17	−31+Δ	0
225	250	+820	+420	+280	—	+170	+100	—	+50	—	+15	0		+22	+30	+47	−4+Δ	—	−17+Δ	−17	−31+Δ	0
250	280	+920	+480	+300	—	+190	+110	—	+56	—	+17	0		+25	+36	+55	−4+Δ	—	−20+Δ	−20	−34+Δ	0
280	315	+1050	+540	+330	—	+190	+110	—	+56	—	+17	0		+25	+36	+55	−4+Δ	—	−20+Δ	−20	−34+Δ	0
315	355	+1200	+600	+360	—	+210	+125	—	+62	—	+18	0		+29	+39	+60	−4+Δ	—	−21+Δ	−21	−37+Δ	0
355	400	+1350	+680	+400	—	+210	+125	—	+62	—	+18	0		+29	+39	+60	−4+Δ	—	−21+Δ	−21	−37+Δ	0
400	450	+1500	+760	+440	—	+230	+135	—	+68	—	+20	0		+33	+43	+65	−5+Δ	—	−23+Δ	−23	−40+Δ	0
450	500	+1650	+840	+480	—	+230	+135	—	+68	—	+20	0		+33	+43	+65	−5+Δ	—	−23+Δ	−23	−40+Δ	0

注：① 1 mm 以下各级 A 和 B 均不采用。
② 标准公差≤IT8 级的 K、M、N 及≤IT7 级的 P 到 ZC 时，从表的右侧选取 Δ 值。
例：在 18~30 mm 之间的 P7，Δ＝8，因此 ES＝−14。

续表

基本偏差		P~ZC (≤7)	上极限偏差 ES/μm 公差等级 >7												Δ[1] μm					
公称尺寸/mm			P	R	S	T	U	V	X	Y	Z	ZA	ZB	ZC	3	4	5	6	7	8
大于	至																			
—	3	在大于7级的相应数值上增加一个Δ值	−6	−10	−14	—	−18	—	−20	—	−26	−32	−40	−60	0	0	0	0	0	0
3	6		−12	−15	−19	—	−23	—	−28	—	−35	−42	−50	−80	1	1.5	1	3	4	6
6	10		−15	−19	−23	—	−28	—	−34	—	−42	−52	−67	−97	1	1.5	2	3	6	7
10	14		−18	−23	−28	—	−33	—	−40	—	−50	−64	−90	−130	1	2	3	3	7	9
14	18		−18	−23	−28	—	−33	−39	−45	—	−60	−77	−108	−150	1	2	3	3	7	9
18	24		−22	−28	−35	—	−41	−47	−54	−63	−73	−98	−136	−188	1.5	2	3	4	8	12
24	30		−22	−28	−35	−41	−48	−55	−64	−75	−88	−118	−160	−218	1.5	2	3	4	8	12
30	40		−26	−34	−43	−48	−60	−68	−80	−94	−112	−148	−200	−274	1.5	3	4	5	9	14
40	50		−26	−34	−43	−54	−70	−81	−97	−114	−136	−180	−242	−325	1.5	3	4	5	9	14
50	65		−32	−41	−53	−66	−87	−102	−122	−144	−172	−226	−300	−405	2	3	5	6	11	16
65	80		−32	−43	−59	−75	−102	−120	−146	−174	−210	−274	−360	−480	2	3	5	6	11	16
80	100		−37	−51	−71	−91	−124	−146	−178	−214	−258	−335	−445	−585	2	4	5	7	13	19
100	120		−37	−54	−79	−104	−144	−172	−210	−254	−310	−400	−525	−690	2	4	5	7	13	19
120	140		−43	−63	−92	−122	−170	−202	−248	−300	−365	−470	−620	−800	3	4	6	7	15	23
140	160		−43	−65	−100	−134	−190	−228	−280	−340	−415	−535	−700	−900	3	4	6	7	15	23
160	180		−43	−68	−108	−146	−210	−252	−310	−380	−465	−600	−780	−1000	3	4	6	7	15	23
180	200		−50	−77	−122	−166	−236	−284	−350	−425	−520	−670	−880	−1150	3	4	6	9	17	26
200	225		−50	−80	−130	−180	−258	−310	−385	−470	−575	−740	−960	−1250	3	4	6	9	17	26
225	250		−50	−84	−140	−196	−284	−340	−425	−520	−640	−820	−1050	−1350	3	4	6	9	17	26
250	280		−56	−94	−158	−218	−315	−385	−475	−580	−710	−920	−1200	−1550	4	4	7	9	20	29
280	315		−56	−98	−170	−240	−350	−425	−525	−650	−790	−1000	−1300	−1700	4	4	7	9	20	29
315	355		−62	−108	−190	−268	−390	−475	−590	−730	−900	−1150	−1500	−1900	4	5	7	11	21	32
355	400		−62	−114	−208	−294	−435	−530	−660	−820	−1000	−1300	−1650	−2100	4	5	7	11	21	32
400	450		−68	−126	−232	−330	−490	−595	−740	−920	−1100	−1450	−1850	−2400	5	5	7	13	23	34
450	500		−68	−132	−252	−360	−540	−660	−820	−1000	−1250	−1600	−2100	−2600	5	5	7	13	23	34

2.4.4　孔、轴公差带和配合的表示

孔、轴公差带用基本偏差的字母和公差等级数字表示，如 H7 为孔公差带，h7 为轴公差带。

标注公差的尺寸用公称尺寸后跟所需要的公差带或(和)对应的偏差值表示。如 $\phi30H7$、$\phi100(^{-0.012}_{-0.034})$、$\phi100g6(^{-0.012}_{-0.034})$。

配合用相同的公称尺寸后面跟孔、轴公差带表示。孔、轴公差带写成分数形式，分子是孔公差带，分母是轴公差带。如 $\phi50\dfrac{H7}{g6}$ 或 $\phi50H7/g6$。

2.5　国标规定的常用公差与配合

国家标准中规定了 20 个公差等级的标准公差与 28 种基本偏差代号，可以组成孔公差带 20×27+3(J6、J7、J8)=543 种，轴公差带 20×27+4(j6、j7、j8、j9)=544 种。由不同的孔与轴公差带又可组成很多种配合。

为了减少定值刀具、量具的规格，结合我国生产实际并参考其他国家标准，国家标准对公称尺寸在 500mm 内的公差带和配合选用加以限制。

2.5.1　常用尺寸段的孔、轴公差带

根据生产实际情况，国家标准对常用尺寸段推荐了孔、轴的一般、常用和优先公差带。图 2.12 和图 2.13 所示为国家标准《产品几何技术规范(GPS)　极限与配合　第 1 部分：公差、偏差和配合的基础》(GB/T 1800.1—2009)推荐的孔、轴公差带代号。

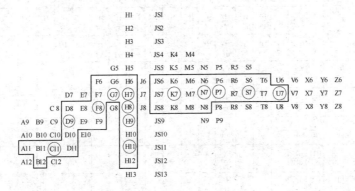

图 2.12　孔的一般、常用、优先公差带(尺寸≤500mm)

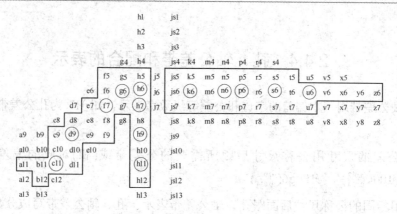

图 2.13　轴的一般、常用、优先公差带(尺寸≤500 mm)

图 2.12 和图 2.13 所示的公差带中，方框内为常用公差带，画圈者为优先选用公差带。由这两图可知：一般公差带孔、轴分别有 105、116 种，常用公差带孔、轴分别有 44、59 种，优先公差带孔、轴各有 13 种。

2.5.2　常用尺寸段的公差与配合

国家标准在规定孔、轴公差带选用的基础上，还规定了孔、轴公差带的组合。基孔制配合中常用的配合有 59 种，如表 2.6 所示。其中注有▼符号的 13 种为优先配合。基轴制配合中常用的配合有 47 种，如表 2.7 所示。其中注有▼符号的 13 种为优先配合。表 2.6 中，当轴的公差小于或等于 IT7 时，是与低一级的基准孔相配合；大于或等于 IT8 时，与同级基准孔相配合。

表 2.6　基孔制优先、常用配合

基准孔	轴																				
	a	b	c	d	e	f	g	h	js	k	m	n	p	r	s	t	u	v	x	y	z
	间隙配合								过渡配合				过盈配合								
H6						H6/f5	H6/g5	H6/h5	H6/js5	H6/k5	H6/m5	H6/n5	H6/p5	H6/r5	H6/s5	H6/t5					
H7						H7/f6	H7/g6	H7/h6	H7/js6	H7/k6	H7/m6	H7/n6	H7/p6	H7/r6	H7/s6	H7/t6	H7/u6	H7/v6	H7/x6	H7/y6	H7/z6
H8					H8/e7	H8/f7	H8/g7	H8/h7	H8/js7	H8/k7	H8/m7	H8/n7	H8/p7	H8/r7	H8/s7	H8/t7	H8/u7				
H8				H8/d8	H8/e8	H8/f8		H8/h8													
H9			H9/c9	H9/d9	H9/e9	H9/f9		H9/h9													
H10			H10/c10	H10/d10				H10/h10													
H11	H11/a11	H11/b11	H11/c11	H11/d11				H11/h11													
H12		H12/b12						H12/h12													

表 2.7　基轴制优先、常用配合

基准轴	孔																				
	A	B	C	D	E	F	G	H	JS	K	M	N	P	R	S	T	U	V	X	Y	Z
	间隙配合								过渡配合				过盈配合								
h5						$\frac{F6}{h5}$	$\frac{G6}{h5}$	$\frac{H6}{h5}$	$\frac{JS6}{h5}$	$\frac{K6}{h5}$	$\frac{M6}{h5}$	$\frac{N6}{h5}$	$\frac{P6}{h5}$	$\frac{R6}{h5}$	$\frac{S6}{h5}$	$\frac{T6}{h5}$					
h6						$\frac{F7}{h6}$	$\frac{G7}{h6}$	$\frac{H7}{h6}$	$\frac{JS7}{h6}$	$\frac{K7}{h6}$	$\frac{M7}{h6}$	$\frac{N7}{h6}$	$\frac{P7}{h6}$	$\frac{R7}{h6}$	$\frac{S7}{h6}$	$\frac{T7}{h6}$	$\frac{U7}{h6}$				
h7					$\frac{E8}{h7}$	$\frac{F8}{h7}$		$\frac{H8}{h7}$	$\frac{JS8}{h7}$	$\frac{K8}{h7}$	$\frac{M8}{h7}$	$\frac{N8}{h7}$									
h8				$\frac{D8}{h8}$	$\frac{E8}{h8}$	$\frac{F8}{h8}$		$\frac{H8}{h8}$													
h9				$\frac{D9}{h9}$	$\frac{E9}{h9}$	$\frac{F9}{h9}$		$\frac{H9}{h9}$													
h10				$\frac{D10}{h10}$				$\frac{H10}{h10}$													
h11	$\frac{A11}{h11}$	$\frac{B11}{h11}$	$\frac{C11}{h11}$	$\frac{D11}{h11}$				$\frac{H11}{h11}$													
h12		$\frac{B12}{h12}$						$\frac{H12}{h12}$													

表 2.7 中，当孔的公差小于或等于 IT8 时，是与高一级的基准轴相配合；其余是与同级基准轴相配合。

2.6　常用尺寸段公差与配合的选用

公差与配合的选择是机械设计与制造中至关重要的一环，它关系到机械的使用性能和制造成本。在设计工作中，公差与配合的选择包括基准制、公差等级、配合种类及代号的选择。

2.6.1　基准制的选择

基准制的选择与使用要求无关，主要应当从结构、工艺、装配及经济效益等方面加以考虑，一般情况下优先选用基孔制配合。因为孔通常用定值刀具(如钻头、绞刀、拉刀等)加工，用极限量规检测，选用基孔制可以减少孔用刀具的品种和规格，有利于实现刀、量具的标准化、系列化，获得更好的经济效益。

但是在下面情况下采用基轴制配合可能比较合理。

(1) 同一公称尺寸的轴上需要装配几个不同配合的零件时，应当选用基轴制，既有利于加工，又便于装配。

如图 2.14 所示的活塞部件装配就属于这种情况。当选择基孔制时，由于使用要求活塞销 1 与活塞 2 之间为过渡配合，而活塞 2 与连杆小头 3 之间有相对运动，要求间隙配合，使公差带如图 2.14(b)所示。此时只有将轴加工成台阶状才能符合各段配合要求，但这样既不便于加工，又不利于装配。当选用基轴制时，将这三段配合改为 $\phi30M6/h5$、$\phi30H6/h5$ 和 $\phi30M6/h5$，其公差带如图 2.14(c)所示。活塞销采用光轴后，既方便加工又利于装配。

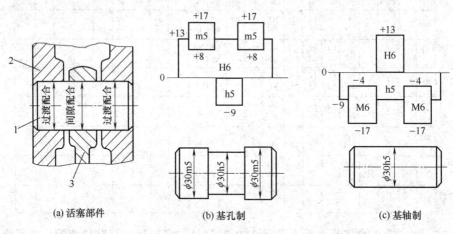

(a) 活塞部件　　　　　　(b) 基孔制　　　　　　(c) 基轴制

图 2.14　活塞部件装配

(2) 与标准件相配合的零件应根据标准件确定基准制。例如，与滚动轴承内圈配合的轴应选择基孔制，而与滚动轴承外圈结合的孔应选择基轴制。

(3) 在农业机械、建筑机械等制造中，直接采用一定公差等级的冷拔钢材做销轴，不需切削加工，此时应采用基轴制。

此外，为了满足某些配合的特殊要求，国家标准允许采用任意孔、轴公差带组成的配合，即没有基准件的非基准制配合。

2.6.2　公差等级的选择

1. 选择公差等级的基本原则

选择公差等级的依据就是较好地协调机器零、部件的使用要求与制造工艺及成本之间的矛盾。为了合理地选择公差等级，做到更好地协调机器零、部件使用要求与制造工艺及成本之间的矛盾，一般按以下原则确定公差等级。

(1) 在满足使用要求的前提下尽量选用较低的公差等级。

在公称尺寸相同时，公差等级越高，生产成本越高，对生产技术条件和机床精度等要求也随之提高。因此在选择公差等级时，既要满足设计要求，又要充分考虑工艺的可能性和经济性。在满足使用要求的前提下，尽量扩大公差值。

(2) 遵守国家标准中对孔、轴配合的有关规定。

对于公称尺寸≤500 mm 常用尺寸段中较高精度等级的配合，由于孔比同级的轴难以加工，当孔、轴的标准公差<IT8 时，国家标准推荐孔比轴低一级相配合。

当标准公差>IT8 级，或公称尺寸>500 mm 时，由于此时孔的测量精度比轴的测量精度容易保证，推荐孔与轴采用同级配合。

在某些特殊情况下，例如仪表行业中的小尺寸(≤3 mm)的公差等级，甚至有孔比轴高一级或高两级组成配合的情况。

对于采用非基准制配合，由基准件以外的任意孔、轴组成的配合，孔和轴的公差等级不受此规定的约束。

2. 确定公差等级的方法

确定公差等级的方法主要有以下两种。

1) 计算-查表法

若已知配合的极限间隙(或极限过盈)，先计算出配合公差，再根据配合公差是孔轴公差之和，用查表的方法确定孔、轴的公差等级。

【例 2-9】 已知公称尺寸为 $\phi 80$ mm 的孔轴配合，要求配合间隙在+35～+84 μm 之间，试确定孔、轴的公差等级。

解：先计算配合公差

$$T_\mathrm{f} = \left| X_{\max} - X_{\min} \right| = \left| +84 - (+35) \right| = 49 \ (\mu\mathrm{m})$$

又因为配合公差是孔、轴公差之和，所以　$T_\mathrm{f} = T_\mathrm{h} + T_\mathrm{s} = 49 \ (\mu\mathrm{m})$

根据 $T_\mathrm{h} = T_\mathrm{s} = \dfrac{1}{2} T_\mathrm{f}$ 的原则，得出预选公差值 $T_\mathrm{h} = T_\mathrm{s} = 24.5 \ \mu\mathrm{m}$

查表 2.2，选定

$$T_\mathrm{h} = \mathrm{IT}7 = 30 \ \mu\mathrm{m} \qquad T_\mathrm{s} = \mathrm{IT}6 = 19 \ \mu\mathrm{m}$$

验算　$\qquad T_\mathrm{f} = \mathrm{IT}7 + \mathrm{IT}6 = 49 \ \mu\mathrm{m}$

因此所选公差等级符合使用要求，亦符合工艺等价的原则(国标的规定孔比轴精度低一级)。

2) 类比法

所谓类比法，就是参照生产实践中总结出的经验资料，与使用要求对比来选择公差等级的方法。应用类比法确定公差等级时，应考虑以下几个方面。

(1) 明确零件的使用要求和工作条件，以此确定配合表面的主次。通常，主要配合表面的孔为 IT6～IT8，轴为 IT5～IT7；次要配合表面的孔为 IT9～IT12，轴为同级；非配合表面的孔、轴一般在 IT12 以下。

(2) 掌握各种加工方法所能达到的公差等级。表 2.8 所示为各种加工方法能达到的公差等级。

表 2.8　各种加工方法所能达到的公差等级

加工方法	公差等级																		
	01	0	1	2	3	4	5	6	7	8	9	10	11	12	13	14	15	16	17	18
研磨	○	○	○	○	○	○	○													
珩磨						○	○	○	○											
圆磨							○	○	○	○										
平磨							○	○	○	○										
金刚石车							○	○	○											
金刚石镗								○	○	○										
拉削							○	○	○	○										
绞孔								○	○	○	○	○								
车									○	○	○	○	○							
镗									○	○	○	○	○							
铣										○	○	○	○							
刨、插												○	○							
钻												○	○	○	○					
滚压、挤压												○	○							
冲压												○	○	○	○	○				
压铸													○	○	○	○				
粉末冶金成型								○	○	○										
粉末冶金烧结									○	○	○	○								
砂型铸造、气割																		○	○	○
锻造																	○	○		

(3) 掌握各个公差等级的应用范围。国家标准推荐的各公差等级的应用范围如下。

① IT01、IT0、IT1 级一般用于高精度量块和其他精密尺寸标准块的公差。它们大致

相当于量块1、2、3级精度的公差。

② IT2～IT5 级用于特精密零件的配合。

③ IT5(孔 IT6)级用于高精度和重要的配合。例如：内燃机中活塞销与活塞销孔的配合；精密机床中主轴的轴颈、主轴箱体孔与精密滚动轴承的配合，车床尾座孔和顶尖套筒的配合。

④ IT6(孔 IT7)级用于精密配合情况，应用较广。例如内燃机中曲柄与轴套的配合。

⑤ IT7～IT8 级用于一般精度的配合。例如一般机械中速度不高的轴与轴承的配合，在重型机械中用于精度要求稍高的配合，在农业机械中用于较重要的配合。

⑥ IT9～IT10 级常用于一般要求的配合，或精度要求较高的槽宽配合。

⑦ IT11～IT12 级用于不重要的配合。

⑧ IT12～IT18 级用于未注尺寸公差的尺寸精度，包括冲压件、铸锻件及其他非配合尺寸的公差。

(4) 考虑配合性质。对间隙配合而言，间隙小的配合公差等级应较高，间隙大的配合公差等级可以低些。过渡、过盈配合的公差等级应大致为孔≤IT8，轴≤IT7。

(5) 考虑相配件的精度。例：与 G 级滚动轴承配合的外壳孔规定为 IT7，轴颈为IT6；而与 C 级轴承配合的外壳孔为 IT5，轴颈为 IT4。

还应注意相配合的孔、轴工艺等价性。相配合的孔、轴工艺等价性见表 2.9。

表 2.9 相配合的孔轴工艺等价性

配合种类	孔的公差等级	轴的公差等级	孔、轴的公差等级	举 例
间隙配合或	$T_h \leq IT8$	$T_s < T_h$	差一级	H7/f6
过渡配合	$T_h \geq IT9$	$T_s = T_h$	同级	H9/a9
过盈配合	$T_h \leq IT7$	$T_s < T_h$	差一级	H7/p6
	$T_h \geq IT8$	$T_s = T_h$	同级	H8/s8

2.6.3 配合的选择

选用配合时应根据使用要求，尽可能选用优先或常用公差带。根据使用要求，按前述原则确定基准制及孔、轴公差等级后，然后确定与基准件相配的孔、轴基本偏差代号。

1. 配合的选择方法

一般配合的选择方法有以下三种。

1) 计算法

计算法是指根据理论和公式，计算出所需的间隙或过盈。根据计算的结果选用合理的配合。由于影响配合间隙量和过盈量的因素很多，理论的计算是近似的，所以在实际应用时还需经过实验确定。

2) 试验法

试验法是通过实验确定配合的一种方法。对产品性能影响较大的一些配合往往采用试验法。这种方法需进行大量试验，成本高，多用于特别重要的配合部位。

3) 类比法

类比法是按同类机器或机构中，经生产实践证明的已用配合来确定某使用条件所需配合的一种方法。

由于计算法和试验法都比较复杂，目前应用广泛的是类比法。

2. 类比法确定配合的步骤

1) 分析零件的工作条件及使用要求

考虑的主要问题有：工作时结合件的相对位置状态(如运动速度、运动方向、运动精度、停歇时间)、承受载荷情况、润滑条件、温度变化、配合重要性、装卸条件以及材料的物理机械性能等。根据具体条件的不同，结合件配合的间隙量或过盈量必须相应地改变，表 2.10 可供选择时参考。

表 2.10　具体情况对间隙或过盈量的修正

具体情况	过盈应增大或减小	间隙应增大或减小	具体情况	过盈应增大或减小	间隙应增大或减小
材料许用应力小	减小	—	装配时可能歪斜	减小	增大
经常拆卸	减小	—	旋转速度高	增大	增大
工作时孔温高于轴温	增大	减小	有轴向运动	—	增大
工作时轴温高于孔温	减小	增大	润滑油黏度增大	—	增大
有冲击载荷	增大	减小	装配精度高	减小	减小
配合长度较大	减小	增大	表面粗糙度高度参数值大	增大	减小
配合面几何误差大	减小	增大			

2) 确定配合类别及基本偏差

配合类别有间隙配合、过渡配合、过盈配合。在确定配合类别时可参考表 2.11。配合类别确定后，参照表 2.12 选取合适的基本偏差。若无特殊理由，应选标准中规定的优先配合或常用配合。

表 2.11　确定配合类别的大致方向

结合件的工作状况			配合类别
有相对运动	转动或转动与移动的复合运动		间隙大或较大的间隙配合
	只有移动		间隙较小的间隙配合
无相对运动	传递扭矩　要精确同轴	永久结合	过盈配合
		可拆结合	过渡配合或基本偏差为 H(h)的间隙配合加紧固件①
	不需要精确同轴		键等间隙配合加紧固件①
	不传递扭矩		过渡配合或过盈小的过盈配合

注：①紧固件指键、销钉、螺钉等。

表 2.12　各种基本偏差的应用实例

配合	基本偏差	特点及应用实例
间隙配合	A(a) B(b)	可以得到特别大的间隙，应用较少，主要用于工作时温度高，热变形大的零件的配合。如发动机中活塞与缸套的配合为 H9/a9
	C(c)	可得到很大的间隙，一般适用于缓慢、松弛的动配合。用于工作条件较差(如农业机械)，工作时受力变形，或为了便于装配而必须保证有较大的间隙时。推荐配合为 H11/c11。其较高等级的 H8/c7 配合适用轴在高温工作的紧密动配合，如内燃机排气阀杆与导管的配合
	D(d)	与 IT7～IT11 对应，适用于较松的转动配合(如滑轮、空转皮带轮与轴的配合)，以及大尺寸滑动轴承与轴的配合(如涡轮机、球磨机等的滑动轴承)。活塞环与活塞槽的配合可用 H9/d9
	E(e)	与 IT7～IT9 对应，通常用于要求有明显的间隙，易于转动的轴承配合。如大跨距及多支点的转轴与轴承的配合。高等级的 e 适用于高速、重载的大尺寸轴与轴承的配合，如大型电机、内燃机的主要轴承处的配合为 H8/e7
	F(f)	多用于 IT6～IT8 的一般转动的配合。当温度影响不大时，被广泛用于普通润滑油的轴与滑动轴承的配合，如齿轮箱、小电机、泵等的转轴与滑动轴承的配合为 H7/f6
间隙配合	G(g)	多与 IT5、IT6、IT7 对应，形成配合的间隙较小，最适合不回转的精密滑动配合。除轻载、精密装置外，不推荐用于转动配合。也用于插销的定位配合，滑阀、连杆销等处的配合，钻套孔多用 G(g)
	H(h)	多与 IT4～IT11 对应，广泛用于无相对转动的配合，作为一般的定位配合。若没有温度、变形影响，也用于精密滑动配合
过渡配合	JS(js)	多用于 IT4～IT7 具有平均间隙的过渡配合和略有过盈的定位配合，如联轴节，齿圈与轮毂的配合，滚动轴承外圈与外壳孔的配合多用 JS7，一般用手或木槌装配
	K(k)	多用于 IT4～IT7 平均过盈接近零的配合。推荐用于定位配合，如滚动轴承的内、外圈分别与轴颈、外壳孔的配合。用木槌装配
	M(m)	多用于 IT4～IT7 平均过盈较小的配合，用于精密定位的配合。如蜗轮的青铜轮缘与轮毂的配合为 H7/m6
	N(n)	多用于 IT4～IT7 平均过盈较大的配合，很少形成间隙。用槌子或压入机装配。通常用于紧密的组件配合，如冲床上齿轮与轴的配合

配合	基本偏差	特点及应用实例
过盈配合	P(p)	用于小过盈配合。与 H6 或 H7 的孔形成过盈配合，而与 H8 的孔形成过渡配合。碳钢和铸铁零件形成的配合为标准压入配合，如卷扬机的绳轮与齿圈的配合为H7/p6。合金钢制零件的配合需要小过盈时可以用 p(P)
	R(r)	对铁类零件为中等打入配合；对非铁类零件为轻打入配合，当需要时可拆卸。如蜗轮与轴的配合为H7/r6。配合 H8/r7 在公称尺寸≤100mm 时，为过渡配合，直径大于 100mm 时为过盈配合
	S(s)	用于钢和铸铁零件的永久性和半永久性结合，可产生相当大的结合力，如套环压在轴、阀座上用 H7/s6 配合
	T(t)	用于钢和铁制零件的永久性结合，不用键可传递扭矩，需用热套法或冷轴法装配，如联轴节与轴的配合为 H7/t6
	U(u)	用于大过盈配合，最大过盈需验算。用热套法进行装配。如火车轮毂和轴的配合为 H6/u5
	V(v),X(x) Y(y),Z(z)	用于特大过盈配合，目前使用的经验和资料很少，须经试验后才能应用。一般不推荐使用

3. 计算-查表法确定配合

若已知极限间隙(过盈)时，首先根据要求选取基准制，然后按计算-查表法确定公差等级，最后按相应公式计算基本偏差值后，查表确定基本偏差代号。

在选择配合中，所选取的极限间隙(或过盈)应尽可能在原要求的范围内。当选取的配合和原要求有差别时，其差别应小于原配合公差的 10%(仅供参考)。

【例 2-10】已知公称尺寸 $\phi 80$ mm 的滑动轴承，要求间隙在+58 μm～+138 μm 之间，试确定轴承孔、轴的配合代号并画出公差带图。

解:

(1) 无特殊规定，采用基孔制。

(2) 确定公差等级。

先计算配合公差：$T_f = |X_{max} - X_{min}| = |138 - 58| = 80$ (μm)

又因为配合公差是孔、轴公差之和，所以：$T_f = T_h + T_s = 80$ μm

根据 $T_h = T_s = \dfrac{1}{2} T_f$ 的原则，得出预选公差值：

$$T_h = T_s = 40 \text{ μm}$$

查表 2.2，选定 $T_h = \text{IT8} = 46$ μm 、$T_s = \text{IT7} = 30$ μm

验算：$T_f = \text{IT8} + \text{IT7} = 76$ μm < 80 μm

因此，选孔 8 轴 7，孔为 $\phi 80 \text{H8}(^{+0.046}_{0})$mm。公差带图如图 2.15 所示。

(3) 确定轴的基本偏差代号：间隙配合选取的轴的基本偏差为上极限偏差 es。

据式(2-8)得

$$X_{\min} = \text{EI} - \text{es} \Rightarrow \text{es} = -58\ \mu\text{m}$$

查表 2.4，选 es = -60 μm　　选择轴的基本偏差代号为 e

$$\text{ei} = \text{es} - \text{IT7} = -60 - 30 = -90\ (\mu\text{m})$$

$$X_{\max}{}' = \text{ES} - \text{ei} = +46 - (-90) = +136\ (\mu\text{m})$$

$$X_{\min}{}' = \text{EI} - \text{es} = 0 - (-60) = +60\ (\mu\text{m})$$

极限间隙在原要求范围内，所以选择配合代号 $\phi80\text{H8/e7}$ 合适。其公差带如图 2.15 所示。

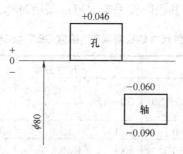

图 2.15　例 2-10 的公差带图

2.7　线性尺寸的一般公差

一般公差精度基本不会影响该零件的工作性能和质量，通常在图样上不标注出它们的公差值。但不是对这类尺寸没有任何限制和要求，只是比一般配合尺寸的要求较低，并在相应的技术文件中说明其要求。

国家标准《一般公差　未注公差的线性和角度尺寸的公差》(GB/T 1804—2000)采用了国际标准的有关部分，替代了 GB/T 1804—1992。

2.7.1　线性尺寸一般公差的概念

线性尺寸一般公差是在车间普通工艺条件下，机床设备一般加工能力可保证的公差。在正常维护和操作情况下，它代表经济加工精度。

采用一般公差的尺寸在正常车间精度保证的条件下，一般可不检验。

图样应用一般公差的原因主要是：

(1) 非配合尺寸的公差要求不高，采用一般公差可突出其他尺寸，引起加工和检验重视。

(2) 零件上某些尺寸的公差可由工艺保证，节省图样设计时间。

(3) 为简化制图，使图面清晰。

2.7.2 有关国标规定

国家标准《一般公差 未注公差的线性和角度尺寸的公差》(GB/T 1804—2000)对线性尺寸的一般公差规定了 4 个公差等级,精度从高到低依次为:精密级(f)、中等级(m)、粗糙级(c)、最粗级(v)。公差等级越低,公差值越大。对适用的尺寸也进行了较大的分段。线性尺寸的具体数值见表 2.13,倒圆半径和倒角高度尺寸的极限偏差数值见表 2.14。由表可见,不论轴、孔或长度尺寸,其极限偏差的取值都采用对称分布的公差带。

表 2.13 线性尺寸的极限偏差 (摘自 GB/T 1804—2000)   mm

公差等级	尺寸分段							
	0.5~3	3~6	6~30	30~120	120~400	400~1000	1000~2000	2000~4000
精密级(f)	±0.05	±0.05	±0.1	±0.15	±0.2	±0.3	±0.5	—
中等级(m)	±0.1	±0.1	±0.2	±0.3	±0.5	±0.8	±1.2	±2
粗糙级(c)	±0.2	±0.3	±0.5	±0.8	±1.2	±2	±3	±4
最粗级(v)	—	±0.5	±1	±1.5	±2.5	±4	±6	±8

表 2.14 倒圆半径和倒角高度尺寸的极限偏差数值(摘自 GB/T 1804—2000)   mm

公差等级	尺寸分段			
	0.5~3	3~6	6~30	>30
精密级(f)	±0.2	±0.5	±1	±2
中等级(m)				
粗糙级(c)	±0.4	±1	±2	±4
最粗级(v)				

2.7.3 线性尺寸的一般表示方法

采用国家标准规定的一般公差,在图样中的尺寸后不注出公差,而是在图样上、技术文件或标准中用本标准号和公差等级符号表示。例如选用中等级,标注为:

GB/T 1804—2000—m

一般公差的线性尺寸是在车间加工精度保证的情况下加工出来的,一般可以不用检验其公差。

2.8 习　　题

1. 判断下列叙述的内容是否正确(正确的打√，错误的打×)。

(1) 基孔制就是先加工孔，再用轴来配孔；基轴制就是先加工轴，再由孔配轴。

(　　)

(2) 公称尺寸相同，公差等级一样的孔和轴的标准公差数值相等。　　(　　)

(3) 最大实体尺寸是孔、轴上极限尺寸的统称。　　(　　)

(4) 零件加工后的实际要素等于公称尺寸，但不一定合格。　　(　　)

(5) 因为实际要素与公称尺寸之差是尺寸偏差，故尺寸偏差越小，尺寸精度越高。

(　　)

(6) 公差一般情况下为正值，有时也可出现负值和零值。　　(　　)

(7) 孔的最大实体尺寸即为孔的上极限尺寸。　　(　　)

(8) 公差带在零件上方，则基本偏差为上极限偏差。　　(　　)

(9) 配合公差大于或等于孔公差与轴公差之和。　　(　　)

(10) 配合性质取决于孔轴公差带的大小和位置。　　(　　)

(11) 图样上未注公差的尺寸为自由尺寸，其公差不作任何要求。　　(　　)

(12) 某一孔的尺寸正好加工到公称尺寸，则该孔必然合格。　　(　　)

(13) 公称尺寸一定时，尺寸公差越大，则尺寸精度越低。　　(　　)

(14) 实际要素就是被测尺寸的真值。　　(　　)

2. 计算表 2.15 中各尺寸并填入表中。

表 2.15　习题 2 的标注情况　　　　　　　　　　　　　　　　mm

序号	基本尺寸	孔			轴			X_{max} (Y_{min})	X_{min} (Y_{max})	T_f	基准制	配合性质
		ES	EI	T_h	es	ei	T_s					
1	$\phi 40$		0				0.025	+0.089				
2	$\phi 24$		0				0.011		−0.012			
3	$\phi 100$			0.009	0				−0.021			

3. 计算出表 2.16 空格处的数值，并填在空格处。

表 2.16　习题 3 的标注情况　　　　　　　　　　　　　　　　mm

序　号	公称尺寸	上极限尺寸	下极限尺寸	上极限偏差	下极限偏差	公　差
1	孔 ϕ60	60.074	60.000			
2	轴 ϕ60			−0.060		0.046
3	孔 ϕ80		79.979			0.030
4	轴 ϕ50			−0.050	−0.112	

4. 已知下列三对孔、轴相配合。分别计算三对配合的极限间隙或过盈量及配合公差，绘出公差带图，并说明它们的配合类别。

(1) 孔　$\phi 20^{+0.033}_{0}$　　　轴　$\phi 20^{+0.065}_{-0.098}$

(2) 孔　$\phi 80^{+0.009}_{-0.021}$　　　轴　$\phi 80^{0}_{-0.019}$

(3) 孔　$\phi 40^{+0.039}_{0}$　　　轴　$\phi 40^{+0.027}_{+0.002}$

5. 查表求出下列配合中孔、轴的极限偏差，画出公差带图及配合公差带图。

(1) ϕ50H7/g6　　　(2) ϕ30K7/h6　　　(3) ϕ18M6/h5

(4) ϕ30R6/h5　　　(5) ϕ55F6/h6　　　(6) ϕ55H7/js6

6. 已知 $\phi 100H7(^{+0.035}_{0})/n6(^{+0.045}_{+0.023})$，通过计算求出 ϕ100 mm 的 H6、h7，Js6 和 N7 的极限偏差。

7. 有下列三组孔与轴相配合，根据给定的数值，试分别确定它们的公差等级，并选择合适的配合代号。

(1) 配合公称尺寸为 ϕ35mm，X_{max} = +0.125mm，X_{min} = +0.050mm

(2) 配合公称尺寸为 ϕ40mm，Y_{max} = −0.075mm，Y_{min} = −0.035mm

(3) 配合公称尺寸为 ϕ60mm，Y_{max} = −0.032mm，X_{max} = +0.046mm

8. 公称尺寸为 ϕ100 mm 的孔轴配合，基本过盈在−34～−94μm 之间，要求采用基轴制，确定配合代号并画出公差带图。

9. 要求某孔与轴配合在镀铬后满足 ϕ50H8/f7，铬层厚度应在 0.008～0.012 mm 之间，试确定在镀铬前的孔、轴加工的公差等级和配合代号。

第 3 章　几何公差及其误差

本章的学习目的是掌握几何公差和几何误差的基本概念，熟悉几何公差国家标准的基本内容，为合理选择几何公差打下基础。本章的主要内容为：几何误差与几何公差的基本术语及定义；几何公差及其公差带的特点；几何公差与尺寸公差的基本关系，即公差原则的基本内容；选用"公差原则"、几何公差项目及公差值的评定准则。

3.1　概　　述

几何误差对零件的使用功能有很大的影响。保证零件的互换性和工作精度等要求不仅要控制尺寸误差和表面粗糙度，还必须控制零件的几何误差。

为了适应经济发展和国际交流的需要，我国根据 ISO 1101《产品几何技术规范》制定了有关几何公差的新国家标准，分别是编号为 GB/T 1182—2008 的《产品几何技术规范(GPS)　几何公差　形状、方向、位置和跳动公差标注》、编号为为 GB/T 16671—2009 的《产品几何技术规范(GPS)　几何公差　最大实体要求、最小实体要求和可逆要求》、编号为 GB/T 4249—2009 的《产品几何技术规范(GPS)　公差原则》等。

3.1.1　基本概念

1. 几何公差对机械性能的影响

(1) 影响配合性质。例如圆柱表面的形状误差，在间隙配合中使间隙大小分布不均，并且当配合产生相对转动时，使零件局部磨损加快，降低寿命。

(2) 影响装配。例如轴承盖上螺钉孔的位置不正确，装配不上。

(3) 影响功能要求。例如机床导轨的形状误差影响刀架的运动精度；齿轮箱上各轴承孔的位置误差将影响齿轮齿面的接触均匀性和齿侧间隙。

2. 基本术语

由一定大小的线性尺寸或角度尺寸确定的几何形状称为几何要素。几何公差的研究对象是几何要素，简称要素，如图 3.1 所示。要素从不同的角度可分为以下几种。

1) 导出要素与组成要素

● 组成要素：构成零件外形的可直接感受的点、线、面。如素线、圆柱面、圆锥面、平面、球面等。

● 导出要素：组成要素对称中心的点、线、面，是圆心、球心、轴线、中心线、中心面等要素的统称。

2) 公称要素与实际(组成)要素

● 公称要素：具有几何意义的要素，也称为理想要素，即设计时在图样上给出的要素。

● 实际(组成)要素：零件在加工后实际存在的要素，称为实际要素。通常由提取要素来代替。提取要素为实际要素有限数目的点形成的实际要素的近似替代，由于测量误差的存在，提取要素并非该实际要素的真实情况。

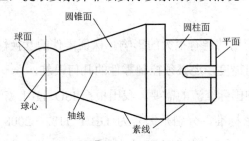

图 3.1　几何要素

3) 被测要素与基准要素

● 零件图中给出了几何公差要求的要素，称为被测要素。即实际要求测量的点、线、面。

● 用以确定被测要素的方向或位置的要素，称为基准要素，简称基准。

4) 单一要素与关联要素

● 仅对其本身给出形状公差要求的要素，称为单一要素。

● 对其他要素有功能关系的要素，称为关联要素。即规定方向、位置、跳动公差的要素。

3.1.2　几何公差的项目及符号

根据国家标准《产品几何技术规范(GPS)　几何公差　形状、方向、位置和跳动公差标注》(GB/T 1182—2008)的规定，几何公差的项目和符号如表 3.1 所示，附加符号见表 3.2。

表 3.1　几何公差的项目和符号

公差类型	特征符号	符　号	有或无基准
形状公差	直线度	—	无
	平面度	▱	无
	圆度	○	无
	圆柱度	⌀	无
	线轮廓度	⌒	无
	面轮廓度	⌓	无
方向公差	平行度	//	有
	垂直度	⊥	有
	倾斜度	∠	有
	线轮廓度	⌒	有
	面轮廓度	⌓	有
位置公差	位置度	⊕	有或无
	同心度(用于中心点)	◎	有
	同轴度(用于轴线)	◎	有
	对称度	⹀	有
	线轮廓度	⌒	有
	面轮廓度	⌓	有
跳动公差	圆跳动	↗	有
	全跳动	↗↗	有

表 3.2　附加符号

说　明	符　号	说　明	符　号
被测要素	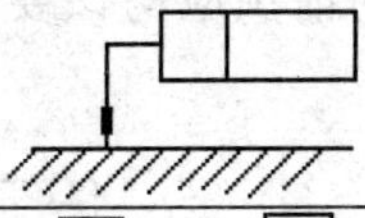	全周(轮廓)	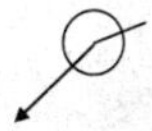
基准要素	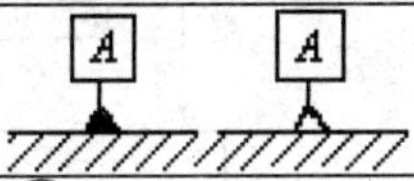 A　A	公共公差带	CZ
基准目标	⌀2/A1	小径	LD
理论正确尺寸	50	大径	MD
延伸公差带	Ⓟ	中径、节径	PD
最大实体要求	Ⓜ	线素	LE
最小实体要求	Ⓛ	不凸起	NC
包容要求	Ⓔ	任一横截面	ACS
自由状态条件(非刚性零件)	Ⓕ	可逆要求	∧Ⓡ

3.1.3　几何公差的标注

在图样中，几何公差应采用代号标注；无法用代号标注时，允许在技术要求中用文字加以说明。

几何公差项目的符号、框格、指引线、公差数值、基准符号以及其他有关符号构成了几何公差的代号。几何公差项目的符号参见表 3.1。

1. 公差框格的填写方式

几何公差的框格有两格或多格等形式，第一格填写几何公差项目的符号；第二格填写公差值和有关符号；第三、四、五格填写代表基准的字母和有关符号。具体写法示例如图 3.2 所示。

公差框格中填写的公差值必须以 mm 为单位，当公差带形状为圆(圆柱)和球形时，应分别在公差值前面加注"ϕ"和"S"。

用一个字母表示单个基准或用几个字母表示基准体系或公共基准。基准在公差框格中的书写顺序是固定的，第三格填写第一基准代号，依次填写第二、第三基准代号，如图 3.2(d)所示。由两个要素组成的公共基准，用由横线隔开的两个大写字母表示在一个框格内，如图 3.2(c)所示。

2. 被测要素的标注方法

标注时指引线可由公差框格右端或左端引出，指引线前端的箭头指向被测要素，箭头的方向是公差带宽度方向或直径方向。

当被测要素为组成要素时，指引线的箭头应指在轮廓线或引出线上，并应与尺寸线明显错开；当被测要素为导出要素时，指引线的箭头应与该要素的尺寸线对齐，如图 3.3 所示。

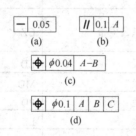

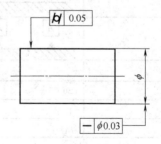

图 3.2　公差框格填写法示例　　　　图 3.3　被测要素的标注示例

3. 基准要素的标注方法

基准字母标注在基准方格内，与一个涂黑的或空白的三角形相连以表示基准。涂黑的和空白的基准三角形含义相同。

(1) 当基准要素为轮廓线或轮廓面时，基准三角形放置在要素的轮廓线或其延长线上，并应明显地与尺寸线错开；当基准为轴线、球心或中心平面时，基准符号应与该要素的尺寸线对齐，如图 3.4(a)所示。基准三角形也可放置在该轮廓面引出线的水平线上，如图 3.4(b)所示。

(2)　尺寸线安排不下两个箭头时，则另一箭头可用基准三角形代替，如图 3.4(c)所示。

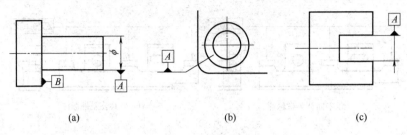

|(a)|(b)|(c)|

图 3.4　基准的标注方法

4．几何公差标注的简化

在不影响读图及不引起误解的前提下，可以简化标注方法。

(1)　结构相同的几个要素有相同的几何公差要求时，可只对其中的一个要素标注出，并在框格上方标明，如 4 个要素，则注明"4×ϕ"或"4 槽"等，如图 3.5 所示。

(2)　当同一要素有一个以上的公差特征项目要求时，为方便可将一个框格放在另一框格的下方，如图 3.6 所示。

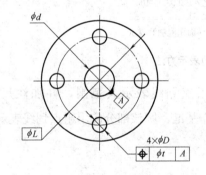

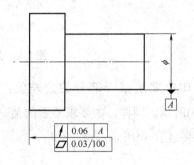

图 3.5　不同要素有相同的几何公差　　图 3.6　同一要素有多项几何公差

(3)　几个表面有同一数值的公差要求时，可用同一个公差框，由框格一端引出指引线，再用箭头与各被测要素相连。如图 3.7 所示。

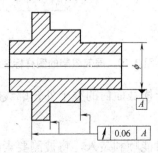

图 3.7　不同要素的几何公差

(4) 一个公差框格可以用于具有相同几何特征和公差值的若干分离要素，如图 3.8(a) 所示。当若干分离要素给出单一公差带时，可在公差值的后面加注公共公差带符号，如图 3.8(b)所示。

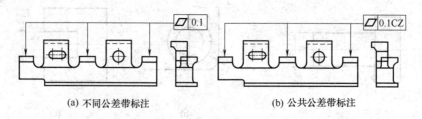

| (a) 不同公差带标注 | (b) 公共公差带标注 |

图 3.8 同一公差控制几个要素

5. 其他的标注

(1) 如对同一要素的公差值在全部被测要素内的任一部分有进一步限制时，该限制部分(长度或面积)的公差值要求应放在公差值的后面，用斜线相隔，如图 3.9 所示。图 3.9(a) 表示全长上直线度公差为 0.1mm，在任一 100mm 长度上，直线度公差为 0.05mm；图 3.9(b)表示被测要素在任一 100mm×100mm 的正方形表面上，平面度公差为 0.03mm。

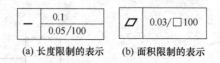

(a) 长度限制的表示   (b) 面积限制的表示

图 3.9 公差值的表示方法

(2) 如仅要求某一部分的公差值，则用粗点划线表示其范围，并加注尺寸，如图 3.10(a)所示。同样，如要求要素的某一部分作基准，则该部分应用粗点划线表示并加注尺寸，如图 3.10(b)所示。

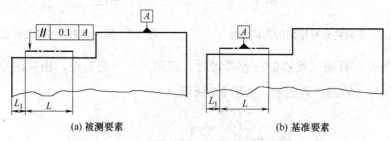

(a) 被测要素   (b) 基准要素

图 3.10 局部限制的图样标注

(3) 当几何公差特征适用于横截面内的整个外轮廓线或整个外轮廓面时，应采用全周符号，如图 3.11 所示。

(4) 为保证相配零件配合时能顺利装入，将被测要素的公差带延伸到工件之外，以控制工件外部的公差带称为延伸公差带。延伸公差带的标注用符号 ⓟ 表示，并要求注出其延伸范围，如图 3.12 所示。

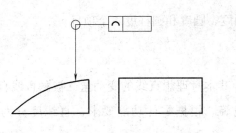

图 3.11　全周符号图样标注

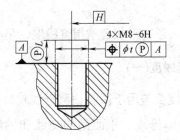

图 3.12　延伸公差带的标注

3.1.4　几何公差的公差带

几何公差由几何公差带表达。几何公差带是限制实际要素的允许变动的区域，合格零件的实际要素应在该区域以内。几何公差带体现了被测要素的设计要求，也是加工和检验的根据。几何公差带的形状有以下 9 种：

(1) 圆内的区域；

(2) 两同心圆之间的区域；

(3) 两同轴圆柱面之间的区域；

(4) 两等距离线之间的区域；

(5) 两平行直线之间的区域；

(6) 圆柱面内的区域；

(7) 两等距曲面之间的区域；

(8) 两平行平面之间的区域；

(9) 球面的区域。

3.2　控制形状的几何公差和误差

几何公差是用来限制零件几何误差的，它是实际被测要素的允许变动量。按国家标准规定控制形状的几何公差称为形状公差，包括直线度、平面度、圆度和圆柱度、线轮廓度和面轮廓度共 6 个项目。其中线轮廓度和面轮廓度既可作为形位公差，又可作为方向或位置公差。

形状公差不涉及基准，其公差带的方位是浮动的。

3.2.1 一般的形状公差

这里一般的形状公差指直线度、平面度、圆度和圆柱度4个项目。

1. 直线度(一)

直线度公差用于限制被测直线相对于其本身理想直线的变动量。被测直线有平面内直线、回转体母线、平面间的交线和轴线等。根据零件功能要求，直线度分为以下几种情况。

1) 给定平面内的直线度

其公差带是在给定平面内，距离为公差值 t 的两平行直线间的区域，实际被测表面的任一素线必须位于上述区域内，如图3.13所示。框图中的标注表示被测表面的素线必须平行于图样所示投影面内，而且距离为公差值0.05 mm的两平行直线内。

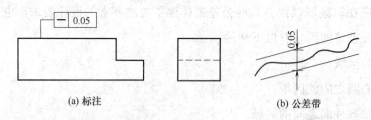

(a) 标注　　　　　　　　　　　　(b) 公差带

图3.13 给定平面内直线的直线度公差带

2) 给定方向上的直线度

其公差带是距离为公差值 t 的两平行平面间的区域，合格的实际直线必须位于该区域内，如图3.14所示。框图中的标注表示被测圆柱面的任一素线必须位于距离为公差值0.2 mm的平面之内。

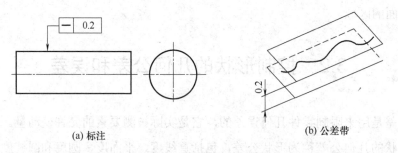

(a) 标注　　　　　　　　　　　　(b) 公差带

图3.14 给定方向上的直线度公差带

3) 任意方向上的直线度

其公差带是直径为公差值 ϕt 的圆柱面内的区域，被测实际轴线应位于该区域以内，此时公差值前应加注 ϕ，如图3.15所示。框图中的标注表示被测圆柱面的轴线必须位于直径

为公差值 ϕ0.05 mm 的圆柱面内。

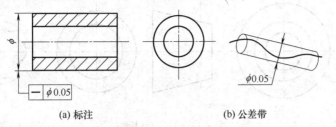

(a) 标注　　　　　　　　　(b) 公差带

图 3.15　任意方向上直线的直线度公差带

直线度误差的测量仪器有刀口直尺、水平仪、自准直仪等。刀口直尺是与被测要素直接接触，从漏光缝的大小判断直线度误差。自准直仪是通过反光镜进行测量。

2. 平面度($\square$)

平面度公差用以控制被测实际平面对其理想平面的变动量。如图 3.16 所示的平面度公差带是距离为公差值 0.08 mm 的两平行平面间的区域，实际平面应位于该区域内。

平面度测量仪器有平晶、水平仪、平板、带指示表的表架、反射镜等。

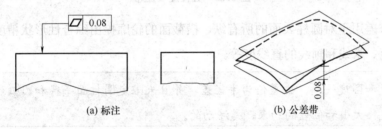

(a) 标注　　　　　　　　　(b) 公差带

图 3.16　平面度公差带

3. 圆度($\bigcirc$)

圆度公差用于控制回转表面(如圆柱面、圆锥面、球面等)的径向截面轮廓。

圆度公差带是垂直于轴线的任一径向截面上两同心圆间的区域，两同心圆的半径差为公差值 t，如图 3.17 所示。框格中的标注表示被测圆柱面任一正截面的圆周必须位于半径差为公差值 0.05 mm 的两同心圆之间，实际轮廓必须位于公差带内。

圆度测量仪器有圆度仪、光学分度头、V 形块、投影仪等。

4. 圆柱度($\oslash$)

圆柱度公差用以控制被测实际圆柱面对其理想圆柱面的变动量。圆柱度公差带是半径差为公差值 t 的两同轴圆柱面间的区域，如图 3.18 所示。框图中的标注表示被测圆柱面必须位于半径差为公差值 0.05 mm 的两同轴圆柱面之间。

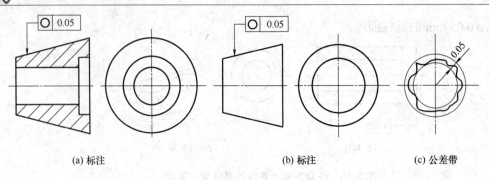

(a) 标注   (b) 标注   (c) 公差带

图 3.17   圆度公差带

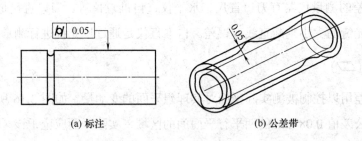

(a) 标注   (b) 公差带

图 3.18   圆柱度公差带

圆柱度公差用于对圆柱表面的所有纵、横截面的轮廓提出综合性形状精度要求，可以同时控制圆度、素线和轴线的直线度等。

> **注意**：圆柱度和圆度一样，公差值为半径差，并且未限定圆柱面半径和圆心位置，公差带不受直径大小和位置的约束，是浮动的。

3.2.2   线轮廓度或面轮廓度公差

线轮廓度和面轮廓度公差可作为形状公差，也可作为方向公差。无基准的线、面轮廓度公差为形状公差，有基准的线、面轮廓度公差为方向公差或位置公差。

1. 线轮廓度($\frown$)

线轮廓度公差用以控制平面曲线(或曲面截面轮廓)的形状、方向或位置误差。其公差带是包络一系列直径为公差值的圆的两包络线间的区域，诸圆的圆心位于理想轮廓线上，如图 3.19(c)所示。

无基准要求时，理想轮廓线的形状由理论正确尺寸确定，其位置是不定的；有基准要求时，理想轮廓线的形状和位置由理论正确尺寸和基准确定。

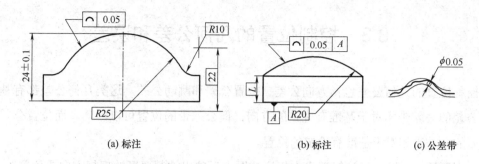

(a) 标注　　　　　　　　(b) 标注　　　　　　　　(c) 公差带

图 3.19　线轮廓度公差带

理论正确尺寸是用以确定被测要素的理想形状、方向、位置的尺寸，图纸上用不注公差的带框格的数字表示，它仅表达设计时对被测要素的理想要求。

线轮廓度测量的仪器有轮廓样板、投影仪、三坐标测量机等。

2. 面轮廓度(⌓)

面轮廓度是一项综合的形状公差，它既控制面轮廓度误差，又控制曲面上任一截面轮廓的线轮廓度误差。面轮廓度公差带是包络一系列直径为公差值 t 的球的两包络面间的区域，诸球的球心应位于理想轮廓面上，如图 3.20(c)所示。

诸球的球心的理想位置由理论正确尺寸和基准确定。

当被测轮廓面相对基准有位置要求时，其理想轮廓面是指相对于基准为理想位置的理想轮廓面。

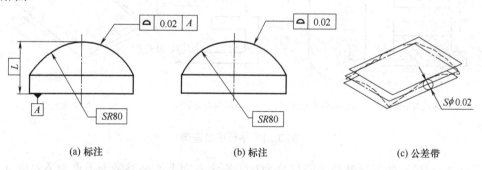

(a) 标注　　　　　　　　(b) 标注　　　　　　　　(c) 公差带

图 3.20　面轮廓度公差带

注意：当线、面轮廓度仅用于限制被测要素的形状时，不标注基准，其公差带的位置是浮动的。当线、面轮廓度用来限制被测要素方向或位置时，公差带的方向或位置是固定的。

3.3 控制位置的几何公差和误差

控制位置的几何公差包括方向公差、位置公差和跳动公差。这类几何公差都有基准，方向公差的公差带相对于基准有确定的方向，但公差带的位置可以浮动。而位置公差和跳动公差的公差带相对于基准有确定的位置。

特别要注意的是，标注时要求在标注的图上反映出被测要素的理想方向或位置。

3.3.1 方向公差

方向公差是指关联实际要素对基准在方向上允许的变动全量。方向公差主要控制线或面的方向，包括平行度、垂直度、倾斜度、线轮廓度和面轮廓度。

1. 平行度(∥)

平行度公差用以控制面对面、面对线、线对面和线对线的平行误差。其特点是公差带与基准平行。其中面对面、面对线及线对面的公差带相同，是距离为公差值 t，且与基准相平行的两平行平面间的区域，如图 3.21 所示。

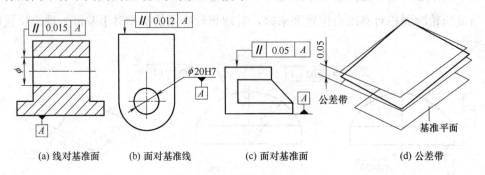

| (a) 线对基准面 | (b) 面对基准线 | (c) 面对基准面 | (d) 公差带 |

图 3.21　平行度公差带

而轴线对轴线的平行度公差带可分为：①给定方向上的公差带为距离为公差值 t 且平行于基准的两平行平面之间的区域，如图 3.22(a)所示；②公差带是距离分别为公差值 t_1 和 t_2 且平行于基准的两平行平面之间的区域，如图 3.22(b)所示；③公差带是直径为公差值 t 且平行于基准的圆柱面内的区域，此时公差值前加 ϕ，如图 3.22(c)所示。

2. 垂直度(⊥)

垂直度公差是限制被测实际要素相对基准在垂直方向的变动量，有线对线、面对线、面对面和线对面四种关系。

其特点是公差带与基准垂直。其中，线对线、面对线和面对面的垂直度公差带相同，是距离为公差值 t 且垂直于基准的两平行平面之间的区域，如图 3.23 所示。

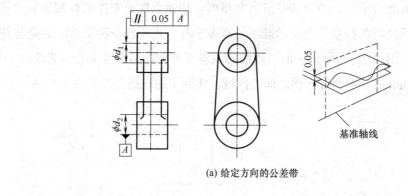

(a) 给定方向的公差带

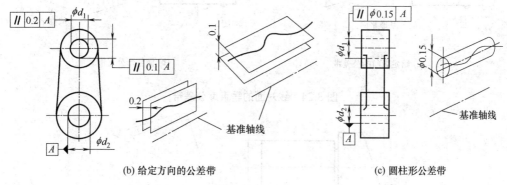

(b) 给定方向的公差带　　　　　　　　(c) 圆柱形公差带

图 3.22　轴线对轴线的平行度公差

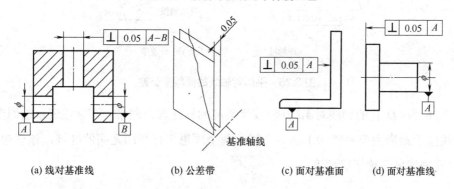

(a) 线对基准线　　　(b) 公差带　　　(c) 面对基准面　　　(d) 面对基准线

图 3.23　垂直度

而线对面的垂直度公差带可分为：①给定方向上的公差带是距离为公差值 t 且垂直于基准的两平行平面之间的区域，如图 3.24(a)所示；②公差带是直径为公差值 t 且垂直于基准面的圆柱面内的区域，此时公差值前加 ϕ，如图 3.24(b)所示。

垂直度的测量仪器有直角尺、指示表等。

3. 倾斜度(∠)

当被测要素和基准要素处于 0°～90° 任一角度时，用倾斜度公差控制被测要素对基准的方向误差。倾斜度公差的特点是公差带既不与基准平行，也不与基准垂直，而是与基准成一理论正确角度。图 3.25 所示为平面对轴线的倾斜度公差，其公差带为与基准成 60°角，且距离为 0.05 mm 的一对平行平面之间的区域。实际平面在此公差带内为合格。

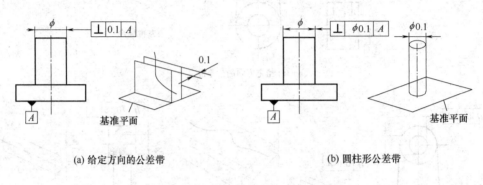

(a) 给定方向的公差带   (b) 圆柱形公差带

图 3.24 线对面的垂直度公差带

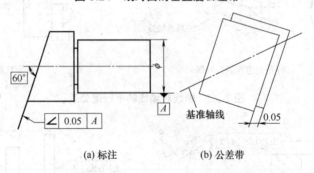

(a) 标注   (b) 公差带

图 3.25 平面对轴线的倾斜度公差

图 3.26 为 ϕD 孔的轴线对 ϕd 孔轴线倾斜度的标注与公差带。该标注表示被测要素 ϕD 孔的轴线位于距离为公差值 0.1 mm 之间的两个理想平行平面之间的区域，该理想平面与基准 ϕd 孔轴线成理论正确角度。

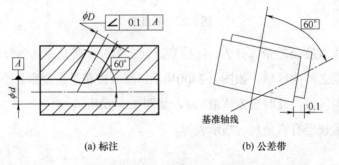

(a) 标注   (b) 公差带

图 3.26 轴线对轴线的倾斜度公差

图 3.27 所示是轴线对平面的倾斜度公差。

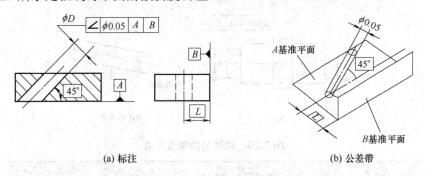

(a) 标注　　　　　　　　　　　　　　　　　　(b) 公差带

图 3.27　轴线对底面的倾斜度公差

应当指出的是：方向公差具有综合控制方向误差和形状误差的双重作用，既控制方向误差，又控制有关的形状误差。例如，某平面的平行度公差，既控制其平行度误差，又控制该平面的平面度误差；轴线的垂直度公差，既控制其垂直度误差，又控制轴线的直线度误差。

3.3.2　位置公差

位置公差是关联实际要素相对基准在位置上允许的变动全量。位置公差用于控制被测要素的位置，例如点、线或面的定位误差。位置公差分为同心度、同轴度、对称度、位置度、线轮廓度和面轮廓度。

1. 点的同心度(◎)

同心度公差用来控制点的同心度误差，其特点是被测要素的理想位置与基准同心，如图 3.28 所示。其公差带是直径为公差值且与基准同心的圆内区域。

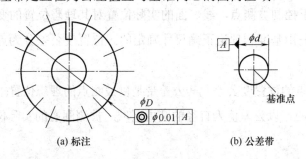

(a) 标注　　　　　　　　　　　　　　　(b) 公差带

图 3.28　点的同心度公差

2. 轴线的同轴度(◎)

同轴度公差用来控制轴线的同轴度误差，其特点是被测要素的理想位置与基准同轴，如图 3.29 所示。其公差带为与基准轴线同轴，直径为公差值的圆柱面内的区域。

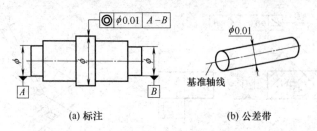

(a) 标注　　　　　　　　　　(b) 公差带

图 3.29　轴线的同轴度公差

注意： 同心度和同轴度公差值前一定要加 ϕ。

同心度和同轴度测量仪器有圆度仪、三坐标测量机、V 形架和带指示表的表架等。

3. 对称度(═)

对称度公差用于控制被测中心平面对基准中心平面(或轴线、中心线)的对称度误差。其特点是被测要素理想位置与基准一致，如图 3.30 所示。对称度公差带是距离为公差值 t 且相对于基准对称配置的两平行平面之间的区域。

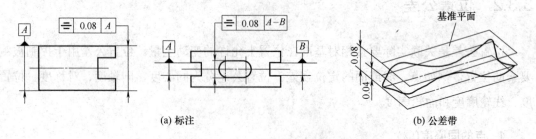

(a) 标注　　　　　　　　　　(b) 公差带

图 3.30　中心平面的对称度公差

4. 位置度(⊕)

位置度公差用于控制被测点、线、面的实际位置对其理想位置的变动量。其特点是被测要素的理想位置是由基准和理论正确尺寸确定的。位置度公差分为点的位置度、线的位置度和面的位置度。

图 3.31 所示是点的位置度公差，其公差带是以被测点的理想位置(由基准 A、B 和理论正确尺寸确定)为圆心，以公差值为直径的圆内区域。被测圆心的实际位置变动均应在公差带内。

图 3.32 所示是线的位置度公差，图 3.33 所示是面的位置度公差。它们分别用于控制被测轴线、被测面对各自理想位置的位置度误差。

位置度可采用三坐标测量机或专用测量装置等测量。

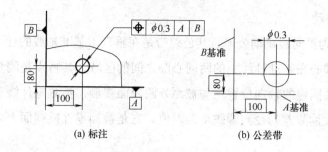

图 3.31　点的位置度公差

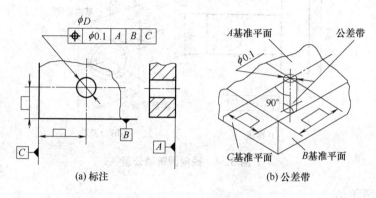

图 3.32　线的位置度公差

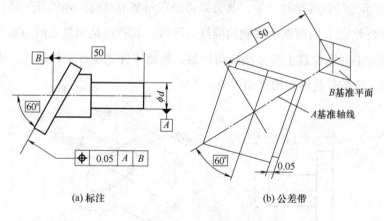

图 3.33　面的位置度公差

3.3.3　跳动公差

跳动公差是根据检测方式确定的，用于控制回转表面对基准轴的跳动量。

1. 圆跳动(↗)

圆跳动分为径向圆跳动、轴向圆跳动与斜向圆跳动三种。

1) 径向圆跳动

图 3.34 所示为径向圆跳动公差。其公差带是在垂直于基准轴线的任一测量平面内，半径差为公差值且圆心在基准轴线上的两同心圆之间的区域。其特点是测量方向与基准轴线垂直，指示表在某固定的轴向位置上与被测外圆表面接触，被测零件绕基准轴线旋转一周时，指示表的最大读数差为径向圆跳动误差值。它是被测零件横截面上偏心误差与圆度误差的综合反映。

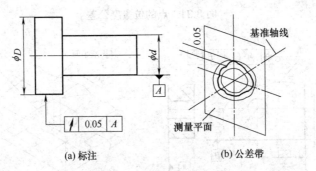

(a) 标注 (b) 公差带

图 3.34　径向圆跳动公差

2) 轴向圆跳动

图 3.35 所示为轴向圆跳动公差，其公差带是在与基准轴线同轴的任一半径的圆柱截面上，间距等于公差值 t 的两圆所限制的圆柱面区域。其特点是测量方向与基准轴线平行，指示表在某固定的径向位置上与被测端面接触，被测零件绕基准轴线旋转一周，在这过程中指示表的最大读数差是轴向圆跳动误差。

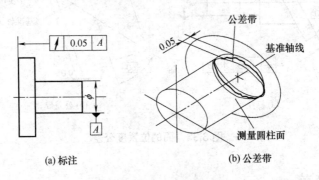

(a) 标注 (b) 公差带

图 3.35　轴向圆跳动公差

通常用轴向圆跳动控制端面对基准轴线的垂直度误差。但当实际端面中凹或中凸而又影响其使用时，不宜用轴向圆跳动公差来控制端面对基准轴线的垂直度误差，因为这种情况下，当轴向圆跳动误差为零时，端面对基准轴线的垂直度误差并不为零。

3) 斜向圆跳动

图 3.36(a)所示为斜向圆跳动公差的标注，其公差带是在与基准轴线同轴的任一测量圆

锥面上，沿母线方向宽度为公差值 t 的圆锥面区域；图 3.36(b)所示为斜向圆跳动公差带。当被测面绕基准线 A 旋转一周时，在任一圆锥面上的指示表跳动量均不得大于 0.05mm。

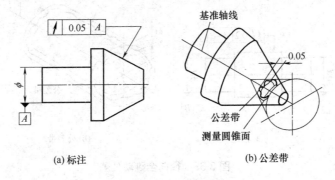

(a) 标注   (b) 公差带

图 3.36 斜向圆跳动公差

图 3.37 所示是给定角度的斜向圆跳动，其意义为被测面绕基准线 A 旋转一周，在给定角度为 60° 时，任一圆锥面上的指示表跳动量均不得大于 0.05 mm。

注意：除特殊规定外，斜向圆跳动的测量方向是被测面的法向方向。

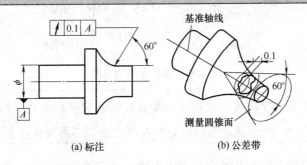

(a) 标注   (b) 公差带

图 3.37 斜向圆跳动(给定角度)

2. 全跳动(⟋)

全跳动分为径向全跳动和轴向全跳动。

1) 径向全跳动

图 3.38 所示为径向全跳动公差的标注，其公差带是半径差为公差值 t 且与基准轴线同轴的两圆柱面之间的区域。被测表面绕基准轴线作无轴向移动的连续回转时，指示表沿平行于基准轴线的方向作直线移动的整个过程中，指示表的最大读数差为径向全跳动误差。

应当指出，径向全跳动公差带的形状与圆柱度公差带的形状是相同的，由于径向全跳动测量简便，一般可用它来控制圆柱度误差，不再规定圆柱度公差。

2) 轴向全跳动

图 3.39 所示为轴向全跳动公差的标注，其公差带是距离为公差值 t，且与基准轴线垂直的两平行平面之间的区域。轴向全跳动误差是被测表面绕基准轴线作无轴向移动的连续

回转的同时，指示表作垂直于基准轴线的直线移动的整个测量过程中指示表的最大读数差。

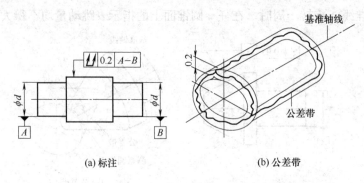

(a) 标注　　　　　　　　　(b) 公差带

图 3.38　径向全跳动公差

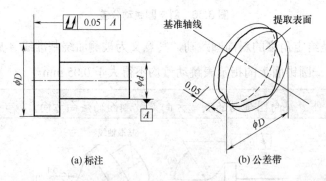

(a) 标注　　　　　　　　　(b) 公差带

图 3.39　轴向全跳动公差

注意: 轴向全跳动的公差带与端面对轴线的垂直度公差带是相同的，两者控制位置误差的效果也是一样的，对于规定了轴向全跳动的表面，不再规定垂直度公差。

　　跳动公差是一项综合性的公差项目，综合控制被测要素的形状、方向和位置误差。圆跳动公差仅仅反映单个测量面被测要素轮廓形状的误差情况，而全跳动则反映整个被测表面的误差情况。因此全跳动可以同时控制圆度、同轴度、圆柱度、素线的直线度、平行度和垂直度等形位误差。对一个零件的同一被测要素，全跳动公差包括了圆跳动公差。

3.4　公　差　原　则

　　在设计零件时，根据功能和互换性要求，对零件常常同时给定尺寸公差和几何公差，因此有必要明确零件的尺寸公差和几何公差之间的关系，即确定公差原则。

　　国家标准《产品几何技术规范(GPS)　公差原则》(GB/T 4249—2009)、《产品几何技术规范(GPS)　几何公差　最大实体要求、最小实体要求和可逆要求》(GB/T 16671—2009)规定了几何公差与尺寸公差之间的关系。

　　根据几何公差与尺寸公差关系的不同，公差原则分为独立原则和相关原则，其中相关原则又分为包容要求、最大实体要求和最小实体要求。

3.4.1　独立原则

独立原则是指给定的几何公差与尺寸公差相互独立，分别满足要求的原则。检测时要分开测量，实际要素的局部尺寸由尺寸公差控制，与几何公差无关；实际要素的几何误差由几何公差控制，不随实际要素而变动。

按独立原则标注时，尺寸公差值和几何公差值后面不加注特殊符号。

独立原则遵循的合格条件：提取要素局部尺寸由尺寸公差控制，几何误差由几何公差控制。

$$D_{\min} \leqslant D_{a} \leqslant D_{\max} \qquad 或 \qquad d_{\min} \leqslant d_{a} \leqslant d_{\max}$$
$$\Delta f_{几何} \leqslant f_{几何} \tag{3-1}$$

采用独立原则的要素是否合格，需分别检测提取要素局部尺寸与几何公差，以判断局部尺寸与几何误差是否超出其公差范围。通常局部尺寸用两点法测量，如千分尺、卡尺等，几何误差用通用量具或仪器测量。

独立原则主要用于以下两种情况。

(1) 除配合要求外，还有极高的几何精度要求，以保证零件的运转与定位要求。如印刷机的滚筒，重要的是控制其圆柱度要求。

(2) 对于非配合要素或未注尺寸公差的要素，它们的尺寸公差和几何公差应遵循独立原则。如导角、退刀槽、轴肩等。图 3.40 所示为独立原则的应用图例。图中标注的要求 $\phi 20_{-0.052}^{0}$ 仅限制轴的局部实际要素的变动，实际要素必须在 $\phi 19.948 \sim \phi 20\,\mathrm{mm}$ 的范围内变动。图样上没有标注几何公差要求，按国家标准未注几何公差确定。

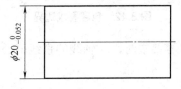

图 3.40　独立原则应用图例

3.4.2　包容要求

1. 包容要求的定义

包容要求是指尺寸要素的非理想要素不得违反其最大实体边界的一种尺寸要素要求，即提取组成要素不得超越其最大实体边界(MMB)，其局部尺寸不得超出最小实体尺寸(LMS)。

最大实体边界是最大实体状态下的极限包容面。

2. 包容要求标注

包容要求标注时是在尺寸公差值后加注符号"Ⓔ"，如图 3.41 所示。

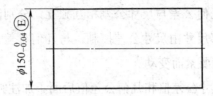

图 3.41 包容要求标注

图 3.41 中的标注表明：

(1) 提取圆柱面的局部尺寸不得小于 149.96 mm。

(2) 提取圆柱面必须遵守最大实体边界，该边界是一个直径为最大实体尺寸 $\phi150$ mm 的理想圆柱面，如图 3.42 所示。

(3) 提取圆柱面的局部尺寸为最大实体尺寸时，不允许轴有形状误差。

(4) 当提取圆柱面的局部尺寸为最小实体尺寸时，允许轴有 0.04 mm 的形状误差。

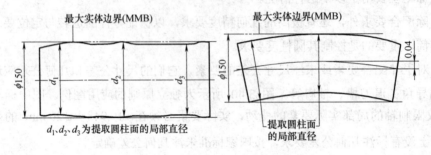

图 3.42 包容要求边界

如图 3.43 所示，在满足包容要求时，对轴线的直线度公差提出了进一步的要求。根据图示要求，实际轴应满足：

(1) 提取圆柱面的局部尺寸不小于 19.987 mm。

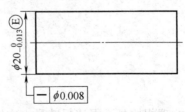

图 3.43 轴线的直线度公差

(2)　提取圆柱面必须遵守最大实体边界，该边界尺寸为 $\phi 20$ mm。

(3)　提取圆柱面的局部尺寸为最大实体尺寸时，不允许轴有直线度误差。

(4)　提取圆柱面的局部尺寸偏离最大实体尺寸时，包容要求允许将局部尺寸偏离最大实体尺寸的偏离值补偿给直线度误差，但直线度误差的最大值不允许超过 0.008 mm。

3. 包容要求的适用场合

包容要求适用于圆柱面和由两平行平面组成的单一要素。采用包容要求主要是保证配合性质，特别是配合公差较小的精密配合要求。

3.4.3　最大实体要求

1. 最大实体要求的定义

最大实体要求是指尺寸要素的非理想要素不得超越其最大实体实效边界(MMVB)的一种尺寸要素要求。即注有公差要素的提取组成要素不得超越其最大实体实效边界(MMVB)，其局部尺寸受到最大、最小实体尺寸限制。

最大实体要求适用于导出要素。当应用于被测要素或基准时，最大实体要求在几何公差值或基准后加注符号"Ⓜ"，如图 3.44 所示。当几何公差为形状公差时，标注 0Ⓜ 和 Ⓔ 意义相同。

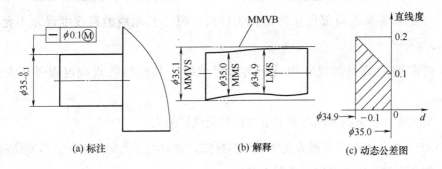

(a) 标注　　　　　　　(b) 解释　　　　　　　(c) 动态公差图

图 3.44　最大实体要求实例

2. 最大实体实效尺寸与最大实体实效边界

最大实体实效尺寸是由最大实体尺寸和导出要素几何公差共同作用产生的尺寸。其中：

孔的最大实体实效尺寸

$$D_{MV} = D_M - f(\text{几何公差值}) \tag{3-2}$$

轴的最大实体实效尺寸

$$d_{MV} = d_M + f(几何公差值)\qquad(3\text{-}3)$$

由最大实体实效尺寸所形成的边界称为最大实体实效边界。

图 3.44 的标注表明：

(1) 轴的提取要素局部尺寸必须控制在 $\phi 34.9 \sim \phi 35.0$ mm 之间。

(2) 轴的提取要素不得超过最大实体实效边界，该边界尺寸为 $\phi 35.1$ mm。

(3) 当提取要素的局部尺寸为最大实体尺寸时，其轴线的直线度误差不允许超过 $\phi 0.1$ mm。

(4) 提取要素的局部尺寸为最小实体尺寸时，其轴线的直线度误差不允许超过 $\phi 0.2$ mm。

(5) 当提取要素的局部尺寸处于最大实体尺寸与最小实体尺寸之间时，其轴线的直线度公差在 $\phi 0.1 \sim \phi 0.2$ mm 之间变动。

3. 最大实体要求应用于被测要素

图 3.45 所示是最大实体要求应用于被测要素的实例。图 3.45(a)所示为轴满足最大实体要求的标注，并给出了轴提取要素局部尺寸变动对直线度误差允许值的影响情况。从图中可知：

(1) 轴的提取要素局部尺寸必须控制在 $\phi 19.7 \sim \phi 20$ mm 之间。

(2) 轴的提取要素不得超过最大实体实效边界，该边界尺寸为 $\phi 20.1$ mm。

(3) 当提取要素的局部尺寸为最大实体尺寸时，其轴线的直线度误差不允许超过 $\phi 0.1$ mm。

(4) 提取要素的局部尺寸为最小实体尺寸时，其轴线的直线度误差不允许超过 $\phi 0.4$ mm。

(5) 最大实体状态的方向与基准垂直，但无位置约束。

图 3.45(b)所示为孔满足最大实体要求的标注，并给出了孔局部实际要素变动对轴线的垂直度误差允许值的影响情况。从图中可知：

(1) 孔的提取要素的局部尺寸在 $\phi 49.92 \sim \phi 50.13$ mm 之间。

(2) 孔的提取要素不得违反其最大实体实效边界，该边界尺寸为 $\phi 49.92$ mm。

(3) 提取要素的局部尺寸为最大实体尺寸时，不允许有轴线的直线度误差。

(4) 提取要素的局部尺寸为最小实体尺寸时，轴线的垂直度误差值不允许超过 0.021 mm。

(5) 最大实体状态的方向与基准垂直，但无位置约束。

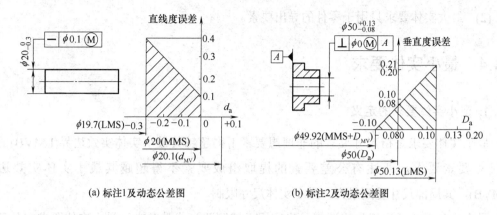

(a) 标注1及动态公差图   (b) 标注2及动态公差图

图 3.45 最大实体要求应用于被测要素

4. 最大实体要求应用于基准要素

1) 基准要素本身采用最大实体要求

基准要素本身的边界为最大实体实效边界，此时基准代号应直接标注在形成该最大实体实效边界的几何公差框格下面，如图 3.46(a)所示。

2) 基准要素本身不采用最大实体要求

最大实体要求用于基准要素是指基准要素尺寸与被测要素方向、位置公差的关系应用最大实体要求。此时必须在被测要素公差框格中基准代号的字母后面加注符号"$Ⓜ$"，基准的边界为最大实体边界，如图 3.46(b)所示。

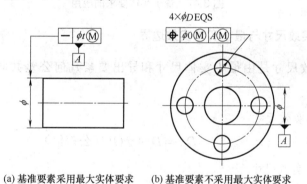

(a) 基准要素采用最大实体要求   (b) 基准要素不采用最大实体要求

图 3.46 最大实体要求应用于基准要素

5. 最大实体要求的应用场合

最大实体要求是从装配互换性基础上建立起来的，主要应用在要求装配互换性的场合。

(1) 最大实体要求用于零件精度低(如尺寸精度、几何精度较低)，配合性质要求不严，但要求能装配上的情况。

(2) 最大实体要求只用于零件的导出要素。

3.4.4 最小实体要求

1. 最小实体要求的定义

最小实体要求是指尺寸要素的非理想要素不得超越其最小实体实效边界(LMVB)的一种尺寸要素要求。即注有公差要素的提取组成要素不得超越其最小实体实效边界(LMVB),其局部尺寸受到最大、最小实体尺寸限制。

最小实体要求适用于导出要素。当应用于被测要素或基准时,最小实体要求在几何公差值或基准后加注符号"Ⓛ",如图 3.47 所示。

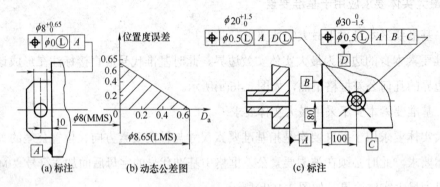

(a) 标注   (b) 动态公差图   (c) 标注

图 3.47   最小实体要求的应用

2. 最小实体实效尺寸与最小实体实效边界

最小实体实效尺寸是由最小实体尺寸和导出要素几何公差共同作用产生的尺寸。其中:

孔的最小实体实效尺寸

$$D_{LV} = D_L + f(几何公差值) \tag{3-4}$$

轴的最小实体实效尺寸

$$d_{LV} = d_L - f(几何公差值) \tag{3-5}$$

由最小实体实效尺寸所形成的边界称为最小实体实效边界。

3. 最小实体要素应用于被测要素

图 3.47 所示为最小实体要求应用于被测要素的实例。图 3.47(a)是孔满足最小实体要求的标注。从图中可知:

(1) 提取要素局部尺寸必须控制在 $\phi 8 \sim \phi 8.65$ mm 之间。

(2) 提取要素不得超过最小实体实效边界，该边界尺寸为 $\phi 8.65$ mm。

(3) 提取要素的局部尺寸为最大实体尺寸时，其轴线的位置度误差不允许超过 $\phi 0.65$ mm。

(4) 提取要素的局部尺寸为最小实体尺寸时，其轴线的直线度误差不允许超过 $\phi 0$ mm。

(5) 最小实体状态的位置由基准 A 和理论正确尺寸确定。

4. 最小实体要求应用于基准要素

图样上在公差框格内基准字母后面标注符号Ⓛ时，表示最小实体要求用于基准要素，如图 3.47(c)所示。此时，基准要遵守相应的边界，如基准要素的实际轮廓偏离相应的边界，则允许基准要素在一定范围内浮动。

3.4.5　可逆要求

可逆要求是最大实体要求和最小实体要求的附加要求，标注时在Ⓜ、Ⓛ后面加注Ⓡ，如图 3.48。

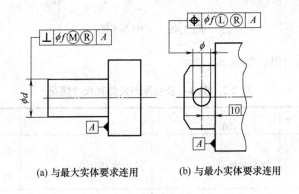

(a) 与最大实体要求连用　　　　(b) 与最小实体要求连用

图 3.48　可逆要求应用实例

可逆要求只应用于被测要素，不能用于基准要素。

最大实体要求和最小实体要求附加可逆要求后，当导出要素的几何误差小于给定的几何公差时，允许在满足功能要求的前提下扩大尺寸公差。即尺寸公差和几何公差可以相互补偿。

当可逆要求用于最大实体要求时，除了具有最大实体要求用于被测要素的含义外，还表示当几何误差小于给定的几何公差时，也允许提取要素的局部尺寸超出最大实体尺寸，从而实现尺寸公差和几何公差相互转换。此时被测要素遵守最大实体实效边界。

当可逆要求用于最小实体要求时，除了具有最小实体要求用于被测要素的含义外，还表示当几何误差小于给定的几何公差时，也允许提取要素的局部尺寸超出最小实体尺寸，从而实现尺寸公差和几何公差相互转换。此时被测要素遵守最小实体实效边界。

【例3-1】根据图3.49(a)、(b)、(c)、(d)所示的四种标注,写出它们的公差原则、理想边界及尺寸。

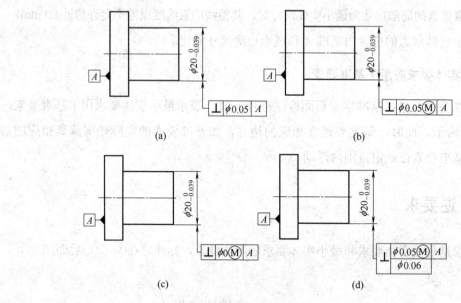

图3.49   例3-1图

解:以表格形式给出,如表3.3所示。

表3.3   例3-1公差原则及边界尺寸情况

	(a)	(b)	(c)	(d)
公差 原则	独立原则	最大实体要求	最大实体要求	最大实体原则及独立原则
理想 边界	综合边界	最大实体实效边界	最大实体边界	最大实体实效边界
边界 尺寸	[19.961,20] $\Delta f \leqslant 0.05$	边界尺寸为$\phi 20.05$	边界尺寸为$\phi 20$	边界尺寸为$\phi 20.05$

综上所述,公差原则是解决生产第一线中尺寸误差与几何误差的关系等实际问题的常用规则,所涉及的术语、概念较多,各种要求适用范围不同。独立原则中尺寸误差和几何误差之间无关,比较好理解。下面就相关原则中三个要求进行详细比较,如表3.4所示。

表 3.4　相关公差原则三种要求比较

相关公差原则			包容要求	最大实体要求	最小实体要求
标注标记			E	M，附加可逆要求为 $M$$R$	L，附加可逆要求为 $L$$R$
几何公差的给定状态及 f 值			最大实体状态下给定 $f=0$	最大实体状态下给定 $f>0$	最小实体状态下给定 $f \geqslant 0$
特殊情况			无	形状公差等于零时与包容要求同	无
遵守的理想边界	边界		最大实体边界	最大实体实效边界	最小实体实效边界
	尺寸	孔	$D_M = D_{min}$	$D_{MV} = D_M - f$	$D_{LV} = D_L + f$
		轴	$d_M = d_{max}$	$d_{MV} = d_M + f$	$d_{LV} = d_L - f$
可逆要求			不适用。尺寸公差只能补偿给几何公差	适用。在一定条件下，尺寸公差和几何公差可以互相补偿	适用。在一定条件下，尺寸公差和几何公差可以互相补偿
适用范围			保证配合性质的单一要素	保证容易装配的导出要素	保证最小壁厚的关联要素

3.5　几何公差的选择

几何误差对机器的正常使用有很大的影响，因此合理正确选择几何公差对保证机器的功能要求、提高经济效益十分重要。几何公差的选择，包括几何公差项目的选择、公差原则的确定和几何公差值的确定三项内容。

3.5.1　公差项目的选择

公差项目的选择，应从以下几方面考虑。

1. 根据零件的几何特征选择公差项目

零件加工误差出现的形式，与零件几何特征有密切联系，例如，圆柱形零件会出现圆柱度误差，平面零件会出现平面度误差等。因此在选择几何公差项目时应充分考虑零件的几何特征，分别选择圆柱度公差、平面度公差。

2. 根据零件的使用要求选择公差项目

各项几何误差对零件使用性能有不同的影响，只有对零件使用性能有显著影响的误差项目才规定几何公差。例如，机床导轨的直线度误差会影响与其结合的零件的运动精度，对机床导轨应规定直线度公差。

设计时要尽量减少几何公差项目标注，那些对零件使用性能影响不大而能由尺寸公差控制的几何误差项目，或者一般机械加工能控制的几何误差项目，不必在图样上标注几何公差，应遵守国家标准《形状和位置公差 未注公差值》(GB/T 1184—1996)中的规定。

3. 根据几何公差的控制功能选择几何公差项目

各项几何公差的控制功能各不相同，选择时应充分考虑它们之间的关系。例如，圆柱度公差可以控制该要素的圆度误差；方向公差可以控制与之有关的形状误差；位置公差可以控制与之有关的方向误差和形状误差；跳动公差可以控制与之有关的位置、方向和形状误差等。因此，对某被测要素规定了圆柱度公差时，一般就不再规定圆度公差；规定了方向公差通常就不再规定与之有关的形状公差。

4. 充分考虑测量的方便性

在选择几何公差项目时，应当充分考虑测量时的方便性。例如，齿轮箱中某传动轴的两支承轴颈，根据几何特征和使用要求应当规定圆柱度公差和同轴度公差，但为了测量方便，可规定径向圆跳动(或全跳动)公差。

3.5.2 公差原则的确定

选择公差原则时，应根据被测要素的功能要求，充分发挥公差的职能和选择该种公差原则的可行性、经济性。表 3.5 列出了四种常用公差原则(要求)的应用场合，可供选择时参考。

表 3.5 公差原则选择参照表

公差原则	应用场合	示 例
独立原则	尺寸精度与几何精度需要分别满足	齿轮箱体孔的尺寸精度与两孔轴线的平行度滚动轴承内、外圈滚道的尺寸精度与形状的精度
	尺寸精度与几何精度相差较大	冲模架的下模座尺寸精度要求不高，平行度要求较高；滚筒类零件尺寸要求很低，形状精度要求较高
	尺寸精度与几何精度无联系	齿轮箱体孔的尺寸精度与孔轴线间的位置精度；发动机连杆上的尺寸精度与孔轴线间的位置精度

公差原则	应用场合	示　例
独立原则	保证运动精度	导轨的形状精度要求严格，尺寸精度要求次要
	保证密封性	汽缸套的形状精度要求严格，尺寸精度要求次要
	未注公差	凡未注尺寸公差与未注几何公差的都采用独立原则，例如退刀槽、倒角等
包容要求	保证《公差与配合》国标规定的配合性质	配合的孔与轴采用包容要求时，可以保证配合的最小间隙等于零
	尺寸公差与几何公差间无严格比例关系要求	一般的孔与轴配合，只要求作用尺寸不超越最大实体尺寸，局部实际要素不超越最小实体尺寸
	保证关联作用尺寸不超越最大实体尺寸	关联要素的孔与轴的性质要求，标注 0Ⓜ
最大实体要求	被测导出要素	保证自由装配，如轴承盖上用于穿过螺钉的通孔，法兰盘上用于穿过螺栓的通孔
	基准导出要素	基准轴线或中心平面相对于理想边界的中心允许偏离时，如同轴度的基准轴线

3.5.3　几何公差值的确定

1. 几何公差等级

国家标准《形状和位置公差　未注公差值》(GB/T 1184—1996)中规定：

(1) 位置度公差没有划分公差等级，它的公差值通过计算确定。经化整按表 3.6 选择公差值。

(2) 圆度、圆柱度公差等级分为 0 级，1、2、…、12 级(共 13 级)，其中 0 级最高。其值参见表 3.7。

(3) 其余各项几何公差都分为 1～12 级。其公差值分别见表 3.8、表 3.9 和表 3.10。

表 3.6　位置度数系(摘自 GB/T 1184—1996)　　　　　　　　　　　　　　　μm

1	1.2	1.5	2	2.5	3	4	5	6	8
1×10^n	1.2×10^n	1.5×10^n	2×10^n	2.5×10^n	3×10^n	4×10^n	5×10^n	6×10^n	8×10^n

注：n 为正整数。

表 3.7 圆度、圆柱度公差值(摘自 GB/T1184—1996) μm

主参数	公差等级												
$d(D)$/mm	0	1	2	3	4	5	6	7	8	9	10	11	12
≤3	0.1	0.2	0.3	0.5	0.8	1.2	2	3	4	6	10	14	25
>3～6	0.1	0.2	0.4	0.6	1	1.5	2.5	4	5	8	12	18	30
>6～10	0.12	0.25	0.4	0.6	1	1.5	2.5	4	6	9	15	22	36
>10～18	0.15	0.25	0.5	0.8	1.2	2	3	5	8	11	18	27	43
>18～30	0.2	0.3	0.6	1	1.5	2.5	4	6	9	13	21	33	52
>30～50	0.25	0.4	0.6	1	1.5	2.5	4	7	11	16	25	39	62
>50～80	0.3	0.5	0.8	1.2	2	3	5	8	13	19	30	46	74
>80～120	0.4	0.6	1	1.5	2.5	4	6	10	15	22	35	54	87
>120～180	0.6	1	1.2	2	3.5	5	8	12	18	25	40	63	100
>180～250	0.8	1.2	2	3	4.5	7	10	14	20	29	46	72	115
>250～315	1.0	1.6	2.5	4	6	8	12	16	23	32	52	81	130
>315～400	1.2	2	3	5	7	9	13	18	25	36	57	89	140
>400～500	1.5	2.5	4	6	8	10	15	20	27	40	63	97	155

注：$d(D)$为被测要素的直径。

表 3.8 平行度、垂直度、倾斜度公差值(摘自 GB/T 1184—1996) μm

主参数 L、	公差等级											
$d(D)$/mm	1	2	3	4	5	6	7	8	9	10	11	12
≤10	0.4	0.8	1.5	3	5	8	12	20	30	50	80	120
>10～16	0.5	1	2	4	6	10	15	25	40	60	100	150
>16～25	0.6	1.2	2.5	5	8	12	20	30	50	80	120	200
>25～40	0.8	1.5	3	6	10	15	25	40	60	100	150	250
>40～63	1	2	4	8	12	20	30	50	80	120	200	300
>63～100	1.2	2.5	5	10	15	25	40	60	100	150	250	400
>100～160	1.5	3	6	12	20	30	50	80	120	200	300	500
>160～250	2	4	8	15	25	40	60	100	150	250	400	600
>250～400	2.5	5	10	20	30	50	80	120	200	300	500	800
>400～630	3	6	12	25	40	60	100	150	250	400	600	1000
>630～1000	4	8	15	30	50	80	120	200	300	500	800	1200
>1000～1600	5	10	20	40	60	100	150	250	400	600	1000	1500
>1600～2500	6	12	25	50	80	120	200	300	500	800	1200	2000
>2500～4000	8	15	30	60	100	150	250	400	600	1000	1500	2500
>4000～6300	10	20	40	80	120	200	300	500	800	1200	2000	3000
>6300～10000	12	25	50	100	150	250	400	600	1000	1500	2500	4000

注：L为被测要素的长度。

表 3.9　直线度、平面度公差值(摘自 GB/T 1184—1996)　　　　μm

主参数 L/mm	公差等级											
	1	2	3	4	5	6	7	8	9	10	11	12
≤10	0.2	0.4	0.8	1.2	2	3	5	8	12	20	30	60
>10~16	0.25	0.5	1	1.5	2.5	4	6	10	15	25	40	80
>16~25	0.3	0.6	1.2	2	3	5	8	12	20	30	50	100
>25~40	0.4	0.8	1.5	2.5	4	6	10	15	25	40	60	120
>40~63	0.5	1	2	3	5	8	12	20	30	50	80	150
>63~100	0.6	1.2	2.5	4	6	10	15	25	40	60	100	200
>100~160	0.8	1.5	3	5	8	12	20	30	50	80	120	250
>160~250	1	2	4	6	10	15	25	40	60	100	150	300
>250~400	1.2	2.5	5	8	12	20	30	50	80	120	200	400
>400~630	1.5	3	6	10	15	25	40	60	100	150	250	500
>830~1000	2	4	8	12	20	30	50	80	120	200	300	600
>1000~1600	2.5	5	10	15	25	40	60	100	150	250	400	800
>1600~2500	3	6	12	20	30	50	80	120	200	300	500	1000
>2500~4000	4	8	15	25	40	60	100	150	250	400	500	1200
>4000~6300	5	10	20	30	50	80	120	200	300	500	800	1500
>6300~10 000	6	12	25	40	60	100	150	250	400	600	1000	2000

表 3.10　同轴度、对称度、圆跳动和全跳动公差值(摘自 GB/T 1184—1996)　　　　μm

主参数 $d(D)$、B、L/mm	公差等级											
	1	2	3	4	5	6	7	8	9	10	11	12
≤1	0.4	0.6	1.0	1.5	2.5	4	6	10	15	25	40	60
>1~3	0.4	0.6	1.0	1.5	2.5	4	6	10	20	40	60	120
>3~6	0.5	0.8	1.2	2	3	5	8	12	25	50	80	150
>6~10	0.6	1	1.5	2.5	4	6	10	15	30	60	100	200
>10~18	0.8	1.2	2	3	5	8	12	20	40	80	120	250
>18~30	1	1.5	2.5	4	6	10	15	25	50	100	150	300
>30~50	1.2	2	3	5	8	12	20	30	60	120	200	400
>50~120	1.5	2.5	4	6	10	15	25	40	80	150	250	500
>120~250	2	3	5	8	12	20	30	50	100	200	300	600
>250~500	2.5	4	6	10	15	25	40	60	120	250	400	800
>500~800	3	5	8	12	20	30	50	80	150	300	500	1000
>800~1250	4	6	10	15	25	40	60	100	200	400	600	1200
>1250~2000	5	8	12	20	30	50	80	120	250	500	800	1500
>2000~3150	6	10	15	25	40	60	100	150	300	600	1000	2000
>3150~5000	8	12	20	30	50	80	120	200	400	800	1200	2500
>5000~8000	10	15	25	40	60	100	150	250	500	1000	1500	3000
>8000~10 000	12	20	30	50	80	120	200	300	600	1200	2000	4000

注：$d(D)$、B 为被测要素的直径或宽度。

2. 几何公差值的确定

　　几何公差值的确定方法有类比法和计算法，通常采用类比法。总的原则是，在满足零件功能要求的前提下，选择较低的公差值。

　　按类比法确定几何公差值时，应考虑以下几个方面。

　　(1) 一般情况下，同一要素上给定的形状公差值应小于方向公差值、位置公差值，方向公差值小于位置公差值，位置公差值小于尺寸公差值。被测要素的表面粗糙度评定参数的 R_a(注：2009 年颁布的标准中已将该符号改为 Ra 的形式)值应小于其形状公差值。

(2) 在满足功能要求的前提下，考虑加工的难易程度确定几何公差等级。对结构复杂、刚性较差或不易加工和测量的零件(如细长轴等)，可适当降低 1~2 级。

(3) 确定与标准件相配合的零件的几何公差值时，不但要考虑几何公差国家标准的规定，还应遵守有关的国家标准的规定。

总之，具体应用时要全面考虑各种因素来确定各项几何公差等级。例如，普通中小型金属切削机床的导轨直线度公差一般选用 5 级，两导轨平行度公差一般选用 4 级，主轴轴颈圆度公差一般选用 4 级，铣床工作台面的平面度公差一般选用 6 级等。

3. 未注几何公差

图样上没有标注几何公差要求的，按国家标准《形状和位置公差　未注公差值》(GB/T 1184—1996)来控制。该标准对直线度、平面度、垂直度对称度和圆跳动的未注公差值的规定分别参见表 3.11、表 3.12、表 3.13 和表 3.14。其他项目应由各要素的注出或未注几何公差、线性尺寸公差或角度公差控制。

表 3.11　直线度和平面度的未注公差值(摘自 GB/T 1184—1996)　　　　mm

公差等级	基本长度范围					
	≤10	10~30	30~100	100~300	300~1000	1000~3000
H	0.02	0.05	0.1	0.2	0.3	0.4
K	0.05	0.1	0.2	0.4	0.6	0.8
L	0.1	0.2	0.4	0.8	1.2	1.6

表 3.12　垂直度的未注公差值(摘自 GB/T 1184—1996)　　　　mm

公差等级	基本长度范围			
	≤100	>100~300	>300~1000	>1000~3000
H	0.2	0.3	0.4	0.5
K	0.4	0.6	0.8	1
L	0.6	1	1.5	2

表 3.13　对称度的未注公差值(摘自 GB/T 1184—1996)　　　　mm

公差等级	基本长度范围			
	≤100	>100~300	>300~1000	>1000~3000
H	0.5			
K	0.6		0.8	1
L	0.6	1	1.5	2

表 3.14　圆跳动的未注公差值(摘自 GB/T 1184—1996)　　　　　mm

公差等级	圆跳动公差值
H	0.1
K	0.2
L	0.5

标注时应在标题栏附近或在技术要求、技术文件(如企业标准)中注出标准号及公差等级代号："GB/T 1184—X"。

【例 3-2】在图 3.50 中标注以下技术要求:

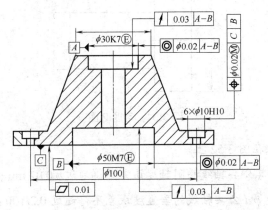

图 3.50　例 3-2 图

(1)　ϕ30K7 和 ϕ50M7 两内孔遵循包容要求。

(2)　ϕ30K7 和 ϕ50M7 轴线相对于它们公共轴线的同轴度为 ϕ0.02 mm。

(3)　ϕ30K7 和 ϕ50M7 两内端面对公共轴线轴向跳动为 0.03 mm。

(4)　6×ϕ10H10 轴线对底面和 ϕ50M7 轴线位置度为 ϕ0.02 mm(需保证装配互换性)。

(5)　底面的平面度公差为 0.01 mm。

3.6　习　　题

1. 判断下列叙述正确与否(正确的打√,错误的打×)。

(1)　图样标注 ϕ20±0.021 的孔没有标注圆度公差,那么其圆度误差值可任意确定。

　　　　　　　　　　　　　　　　　　　　　　　　　　　　　　　　　(　　)

(2)　某圆柱面的圆柱度公差为 0.03 mm,那么该圆柱面对基准轴线的径向全跳动公差不大于 0.03 mm。　　　　　　　　　　　　　　　　　　　　　　　(　　)

(3)　某平面对基准平面的平行度误差为 0.05 mm,那么这平面的平面度误差一定不大

于 0.05mm。　　　　　　　　　　　　　　　　　　　　　　　　　　　　　（　　）

（4）尺寸公差与形位公差采用独立原则时，零件加工的实际尺寸和形位误差中有一项超差，则该零件不合格。　　　　　　　　　　　　　　　　　　　　　　（　　）

（5）端面圆跳动公差和端面对轴线垂直度公差两者控制的效果完全相同。　（　　）

2. 按下列技术要求标注图 3.51。

（1）ϕD 圆柱面相对于 ϕd 轴线径向跳动公差为 0.015 mm；

（2）ϕD 左右两端面对 ϕd 轴线轴向跳动公差为 0.02 mm。

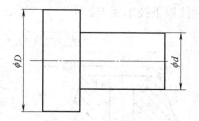

图 3.51　习题 2 图

3. 将下列要求标注在图 3.52 上。

（1）$2 \times \phi d$ 轴线对其公共轴线的同轴度误差不得超过 $\phi 0.02$ mm；

（2）ϕD 轴线对 $2 \times \phi d$ 公共轴线的垂直度误差不得超过 0.2/100 mm；

（3）ϕD 轴线对 $2 \times \phi d$ 公共轴线的对称度公差为 0.02 mm。

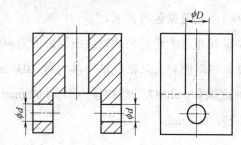

图 3.52　习题 3 图

4. 将下列技术要求标注在图 3.53 上。

（1）圆锥体上圆度公差为 0.004 mm；

（2）圆锥母线的直线度公差为 0.0025 mm；

（3）锥面对 $\phi 80_{-0.015}^{\ 0}$ mm 孔的轴线的圆跳动公差为 0.01 mm；

（4）$\phi 80_{-0.015}^{\ 0}$ mm 孔的圆柱度公差为 0.008 mm；

（5）左端面对 $\phi 80_{-0.015}^{\ 0}$ mm 孔的轴线的垂直度公差为 0.01 mm；

（6）右端面对左端面的平行度公差为 0.005 mm。

5. 图 3.54 所示零件的技术要求如下，试用几何公差代号标出这些技术要求。

(1) 法兰盘端面 A 对 ϕ18H8 孔的轴线的垂直度公差为 0.015 mm;

(2) ϕ35 mm 圆周上均匀分布 $4 \times \phi$8H8 的孔，要求以 ϕ18H8 孔的轴线和法兰盘端面 A 为基准能互换装配，位置度公差为 ϕ0.05 mm;

(3) $4 \times \phi$8H8 四孔组中，有一个孔的轴线与 ϕ4H8 孔的轴线应在同一平面内，它的偏离量不得大于 $\pm$10 μm。

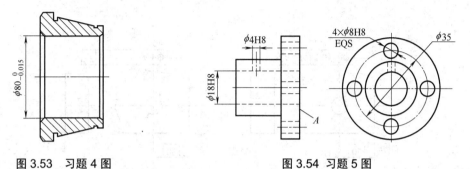

图 3.53　习题 4 图　　　　　　　　　图 3.54　习题 5 图

6. 指出图 3.55 中的错误并改正。

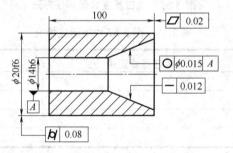

图 3.55　习题 6 图

7. 改正图 3.56 中的标注错误。

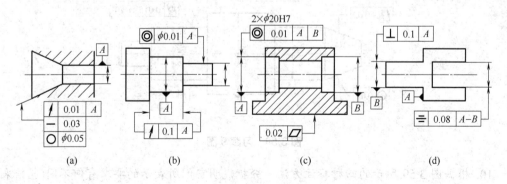

(a)　　　　　　(b)　　　　　　(c)　　　　　　(d)

图 3.56　习题 7 图

8. 如图 3.57 所示的孔位置度公差值为 ϕ0.1 mm，今有(a)、(b)、(c)、(d)四种标注方法，根据图示标注填写表 3.15。

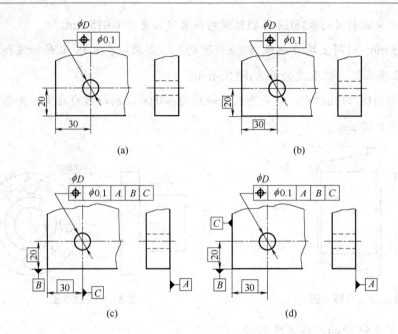

(a)　　　　　　　　　　(b)

(c)　　　　　　　　　　(d)

图 3.57　孔位置度公差标注方法

表 3.15　图 3.57 中的标注情况

分图序号	标注是否正确	指出标注错误
(a)		
(b)		
(c)		
(d)		

9. 指出图 3.58 所示的标注错误，并改正。

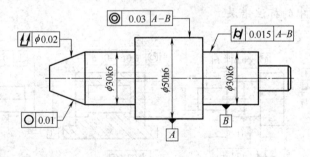

图 3.58　习题 9 图

10. 根据图 3.59 所示的四种标注方法，分析说明它们所表示的要求有何不同(包括采用的公差原则、理想边界尺寸、允许的垂直度误差等)。

11. 按零件图(见图 3.60)加工好零件，测得 $D_a=\phi 30.02$ mm，$\Delta f=\phi 0.02$ mm，问该零件是否合格？

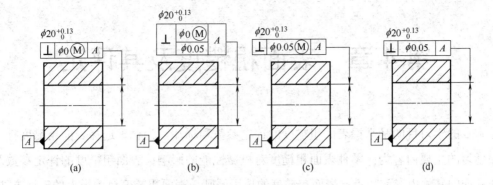

图 3.59　习题 10 图

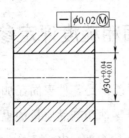

图 3.60　习题 11 图

第4章 表面粗糙度及其评定

本章的学习目的是掌握表面粗糙度的评定参数和标注，为合理选择表面粗糙度打下基础。学习的主要内容为：零件表面粗糙度对机械性能的影响；表面粗糙度的评定参数及其数值标准的基本内容和特点；表面粗糙度的选用原则；表面粗糙度在图样上的表达方法。

4.1 表面粗糙度评定参数及数值

表面粗糙度是微观几何形状误差，是零件表面在加工后所形成的较小间距和微小峰谷的不平度。表面粗糙度是评定机器零件和产品质量的重要指标。为了适应生产的发展，有利于国际技术交流及对外贸易，我国参照 ISO 标准，制定了新国标《产品几何技术规范(GPS) 表面结构 轮廓法 术语、定义及表面结构参数》(GB/T 3505—2009)、《产品几何技术规范(GPS) 表面结构 轮廓法 表面粗糙度参数及其数值》(GB/T 1031—2009)、《产品几何技术规范(GPS) 技术产品文件中表面结构的表示法》(GB/T 131—2006)。

4.1.1 表面粗糙度对机械性能的影响

表面粗糙度对机械零件的使用性能有很大的影响，主要表现在以下几个方面。

1. 对耐磨性的影响

表面越粗糙，摩擦阻力越大。提高零件表面粗糙度的要求，可以减少摩擦损失，提高工作机械的传动效率，延长机器的使用寿命。但是表面过于光滑，会不利于润滑油的存储，形成干摩擦，使磨损加剧。

2. 对工作精度的影响

表面粗糙的两个物体相互接触，易产生变形，影响机器的工作精度。

3. 对配合性能的影响

相对运动的两个零件由于接触表面粗糙，易产生磨损，使间隙增加，破坏原有的配合性质；对过盈配合，表面粗糙则减小实际的过盈量，降低零件的联结强度；对过渡配合，表面粗糙则可能降低定位和导向精度。

4. 对耐腐蚀性的影响

粗糙的零件表面，腐蚀介质易在凹谷中堆积并渗入到金属内部，造成表面的锈蚀。

5. 对抗疲劳性的影响

粗糙的表面存在较大的波谷，对应力集中敏感，从而影响零件的疲劳强度。

另外，表面粗糙度对零件的外形、测量精度也有一定的影响。

4.1.2　基本术语

1. 取样长度 *lr*

取样长度 *lr* (注：2009 年颁布的相关标准中，该符号的第 2 个字母是平排斜体形式)是指评定表面粗糙度所规定的一段基准线长度，如图 4.1 所示。这个长度限制和减弱了表面波纹度(波距在 1～10mm)和形状误差对表面粗糙度测量结果的影响。*lr* 取值应适中，过长测量结果中可能包含表面波纹度的成分；过短则不能客观反映表面粗糙度的实际情况。一般取样长度 *lr* 应包含五个以上的轮廓峰、谷。

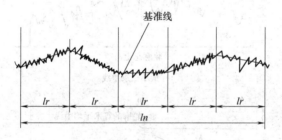

图 4.1　取样长度 *lr*

2. 评定长度 *ln*

评定长度是指评定轮廓表面粗糙度所必需的一段表面长度。评定长度 *ln* 一般按五个取样长度确定，如图 4.1 所示。对于均匀性好的表面，可取 $ln < 5lr$；对于均匀性差的表面，可取 $ln > 5lr$。取样长度和评定长度的数值如表 4.1 所列。

表 4.1　取样长度与评定长度的选用值(摘自 GB/T 1031—2009)

Ra/μm	*Rz*/μm	取样长度 *lr*/mm	评定长度 *ln*(*ln*=5*lr*)/mm
≥0.008～0.02	≥0.025～0.10	0.08	0.4
>0.02～0.1	>0.10～0.50	0.25	1.25
>0.1～2.0	>0.50～10.0	0.8	4.0

续表

$Ra/\mu m$	$Rz/\mu m$	取样长度 lr/mm	评定长度 $ln(ln=5lr)$/mm
>2.0~10.0	>10.0~50	2.5	12.5
>10.0~80.0	>50~320	8.0	40.0

3. 评定表面粗糙度的轮廓中线

以中线为基准线评定表面粗糙度。轮廓中线包括以下两种。

1) 轮廓最小二乘中线

轮廓最小二乘中线是指在取样长度内使轮廓上各点的轮廓偏距的平方和为最小的一条基准线，即 $\min\left(\int_0^{lr} Z_i^2 dx\right)$，如图 4.2(a)所示。

轮廓偏距 Z 是指测量方向上，轮廓线上的点与基准线之间的距离。

2) 轮廓的算术平均中线

轮廓的算术平均中线是指在取样长度内划分实际轮廓为上、下两部分，且使两部分面积相等的基准线，即 $\sum_{i=1}^{n} F_i = \sum_{i=1}^{n} F_i'$，如图 4.2(b)所示。

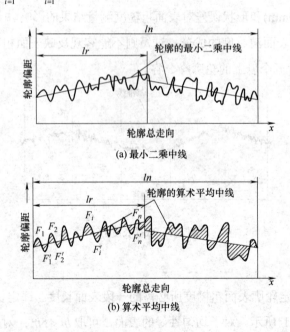

(a) 最小二乘中线

(b) 算术平均中线

图 4.2　轮廓中线

4. 轮廓峰顶线和轮廓谷底线

轮廓峰顶线是指在取样长度内，平行于基准线并通过轮廓最高点的线；而轮廓谷底线是指在取样长度内，平行于基准线并通过轮廓最低点的线，如图 4.3 所示。

5. 轮廓单元、轮廓单元高度 *Zt* 和轮廓单元宽度 *Xs*

轮廓单元是一个轮廓峰和其相邻的轮廓谷的组合,如图 4.4 所示。

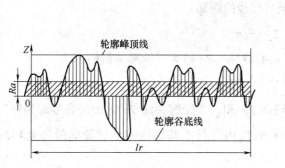

图 4.3 轮廓算术平均偏差 图 4.4 轮廓单元

轮廓单元高度 *Zt* 是指一个轮廓单元的峰高和谷深之和,而轮廓单元与中线相交线段长度称为轮廓单元宽度 *Xs*,如图 4.4 所示。

6. 轮廓峰高 *Zp*

轮廓峰高 *Zp* 是指轮廓最高点距中线的距离,如图 4.4 所示。

7. 最大轮廓谷深 *Zv*

最大轮廓谷深 *Zv* 是指轮廓最低点距中线的距离,如图 4.4 所示。

4.1.3 评定参数

评定参数是用来定量描述零件表面微观几何形状特征的。国家标准规定了表面轮廓的与高度相关参数、与间距相关参数和与形状特征相关参数。

1. 与高度相关参数(幅度参数)

1) 轮廓算术平均偏差 *Ra*

在取样长度内,被测轮廓线上各点至基准线距离的算术平均值称为轮廓算术平均偏差 *Ra*(注:在 2000 年及以前颁布的标准中,该符号写成 R_a 的形式,而在 2009 年颁布的相关标准中该符号的第 2 个字母已由下标正体格式改为平排斜体格式,本节中其他符号的情况与此类似),如图 4.3 所示。用公式表示为

$$Ra = \frac{1}{l}\int_0^l |Z(x)|\mathrm{d}x$$

或近似为

$$Ra = \frac{1}{n}\sum_{i=1}^{n}|Z_i| \qquad (4\text{-}1)$$

式中：n——取样长度内所测点的数目；

　　　Z——轮廓偏距(轮廓上各点至基准线的距离)；

　　　Z_i——第 i 点的轮廓偏距($i=1, 2, \cdots, n$)。

Ra 能客观反映表面微观几何形状的特征。Ra 越大，轮廓越粗糙。

2) 轮廓最大高度 Rz

在一个取样长度内，最大轮廓峰高 Zp 和最大轮廓谷深 Zv 之和的高度即为轮廓最大高度。峰顶线和谷底线，分别指在取样长度内平行于基准线并通过轮廓最高点和最低点的线，如图 4.5 所示。用公式表示为

$$Rz = Zp + Zv \qquad (4\text{-}2)$$

式中：Zp——最大轮廓峰高；

　　　Zv——最大轮廓谷深。

注意： 新的国家标准中，Rz 表示轮廓最大高度。

3) 轮廓单元平均线高度 Rc

在取样长度内，轮廓单元高度 Zt 的平均值即为轮廓单元平均线高度 Rc，如图 4.5 所示。用公式表示为

$$Rc = \frac{1}{m}\sum_{i=1}^{m}Zt_i \qquad (4\text{-}3)$$

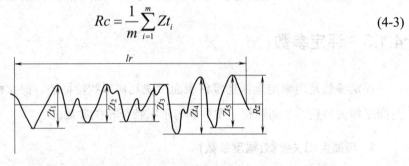

图 4.5　轮廓单元最大高度和平均线高度

对参数 Rc 需要辨别高度和间距。除非有特殊要求，省略标注的高度分辨力按 Rz 的 10%选取；省略标注的间距分辨力按取样长度的 1%选取。

高度和间距分辨率是指应计入被评定轮廓的轮廓峰和轮廓谷的最小高度和最小间距。轮廓峰和轮廓谷的最小高度通常用 Rz 或任一振幅参数的百分率来表示；最小间距则以取样长度的百分率给出。

2. 与间距特性有关的参数——轮廓单元的平均宽度 Rsm

轮廓单元的平均宽度 Rsm 是指在取样长度内，轮廓单元宽度 Xs 的平均值，如图 4.6

所示。用公式表示为

$$Rsm = \frac{1}{m}\sum_{i=1}^{m} Xs_i \tag{4-4}$$

式中：m——取样长度内轮廓单元的个数；

Xs_i——第 i 个轮廓单元的宽度($i=1, 2, \cdots, m$)。

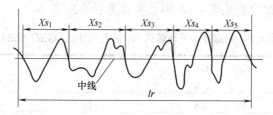

图 4.6　轮廓单元宽度

3. 与形状特征有关的参数——轮廓支承长度率 $Rmr(c)$

轮廓支承长度率 $Rmr(c)$ 是在一个评定长度内，给定水平位置 c 上，轮廓实体材料长度 $Ml(c)$ 与评定长度的比率，即

$$Rmr(c) = \frac{Ml(c)}{ln} \tag{4-5}$$

式中：$Ml(c)$——在给定水平位置 c 上轮廓的实体材料长度；

c——轮廓水平截距，即轮廓峰顶线和平行于它并与轮廓相交的截线之间的距离。

轮廓支承长度率 $Rmr(c)$ 与零件的实际轮廓形状有关，是反映零件表面耐磨性能的指标。对于不同的实际轮廓形状，在相同的评定长度内和相同的水平截距时，$Rmr(c)$ 越大，则表示零件表面凸起的实体部分越大，承载面积越大，因而接触刚度越高，耐磨性就越好。

轮廓的实体材料长度 $Ml(c)$ 是在给定水平位置 c 上用一条平行于中线的线与轮廓单元相截所获得的各段截线长度之和，如图 4.7 所示。用公式表示为

$$Ml(c) = \sum_{i=1}^{n} Ml_i \tag{4-6}$$

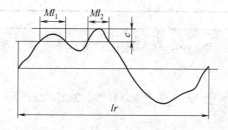

图 4.7　实体材料长度

4.1.4 评定参数的数值

评定参数的数值设计时按国家标准《产品几何技术规范(GPS) 表面结构 轮廓法 表面粗糙度参数及其数值》(GB/T 1031—2009)规定的参数值进行选择，幅度参数值见表 4.2 和表 4.3，轮廓的间距参数值见表 4.4，形状参数见表 4.5。

表 4.2 轮廓算术平均偏差 Ra 的数值(摘自 GB/T 1031—2009) μm

Ra	0.012	0.2	3.2	50
	0.025	0.4	6.3	100
	0.05	0.8	12.5	
	0.1	1.6	25	

表 4.3 轮廓最大高度 Rz 的系列值(摘自 GB/T 1031—2009) μm

Rz	0.025	0.4	6.3	100	1600
	0.05	0.8	12.5	200	
	0.1	1.6	25	400	
	0.2	3.2	50	800	

表 4.4 轮廓单元平均宽度 Rsm 的系列值(摘自 GB/T 1031—2009) mm

Rsm	0.006	0.1	1.6
	0.0125	0.2	3.2
	0.025	0.4	6.3
	0.05	0.8	12.5

表 4.5 轮廓支承长度率 $Rmr(c)$ 的数值(摘自 GB/T 1031—2009) %

$Rmr(c)$	10	30	70
	15	40	80
	20	50	90
	25	60	

注意：选用轮廓支承长度率 $Rmr(c)$，必须给出轮廓水平截距 c 值。c 值可用微米或 Rz 的百分数表示。

Rz 的百分数系列如下：Rz 的 5%、10%、20%、25%、30%、40%、50%、60%、70%、80%、90%。

4.2　表面粗糙度符号及标注

4.2.1　表面粗糙度符号

图样上给定的表面特征符号，是表面完工后的要求和按功能需要给出表面特征的各项要求的完整表达。国家标准《产品几何技术规范　技术产品文件中表面结构的表示法》(GB/T 131—2006)规定了零件表面特征符号及其在图样上的标注。

1. 表面粗糙度符号

按国家标准规定在图样上表示表面粗糙度的符号有五种，如表 4.6 所示。

表 4.6　表面粗糙度的符号及其意义

符　号	意义及其说明
基本图形符号	基本图形符号，表示表面可以用任何方法获得。当不加注粗糙度参数值或有关说明(例如表面热处理等)时，仅适用于简化代号标注
扩展图形符号	基本图形符号加一短划，表示表面是用去除材料方法获得。例如：车、铣、磨、钻、剪切、抛光、腐蚀、电火花加工、气割等
扩展图形符号	基本图形符号加一小圆，表示表面是用不去除材料方法获得。例如：铸、锻、冲压变形、热轧、冷轧、粉末冶金等或者用于保持原供应状况的表面(包括保持上道工序的状况)
完整图形符号	在上面三个符号的长边上加一横线，用于标注有关参数和说明
工件轮廓各表面的图形符号	在上述三个符号的长边与横线的拐角处加一小圆，表示所有表面具有相同的表面粗糙度要求

2. 表面粗糙度完整图形符号

为了明确表面粗糙度要求，除了标注表面粗糙度符号和数值外，还要求标注补充要求，如加工纹理、加工方法等，如图 4.8 所示。

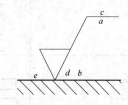

图 4.8　表面粗糙度代号

(1) 位置 a：第一个表面粗糙度要求，书写形式如下。

传输带或取样长度 / 评定长度值 / 参数代号 数值

传输带是两个定义的滤波器之间的波长范围。

在参数代号和数值之间应插入空格。传输带或取样长度后应有一斜线。

(2) 位置 b：第二个表面粗糙度要求，书写形式同位置 a。

(3) 位置 c：加工方法(车、铣、磨、涂镀等)。

(4) 位置 d：表面加工纹理和方向，其标注符号、解释和示例如表 4.7 所示。

(5) 位置 e：加工余量，单位 mm。

表 4.7　加工纹理方向符号(摘自 GB/T 131—2006)

符号	说明	示例
=	纹理平行于视图所在的投影面	
⊥	纹理垂直于视图所在的投影面	
×	纹理呈两斜向交叉且与视图所在的投影面相交	
M	纹理呈多方向	
C	纹理呈近似同心圆且圆心与表面中心相关	
R	纹理呈近似放射状且与表面圆心相关	
P	纹理呈微粒、凸起，无方向	

3．表面粗糙度的标注示例

表面粗糙度在标注过程，要注意以下几种情况。

(1) 评定长度可以采用长度值和取样长度个数两种方法表示。采用长度值表示时标注在参数代号前，用斜线分隔。当采用取样长度个数表示时，标注于参数代号后，为默认值(5 个取样长度)时可以不标注。如不等于默认长度，则必须在参数代号后标注取样长度的个数，作为评定长度。

(2) 参数数值有"16%规则"和"最大规则"，默认为"16%规则"。16%规则在数值前不标注符号，表示所有实测值中允许 16%测量值超过规定的数值；最大规则在数值前标注 max，表示不允许任何测量值超过规定数值。

(3) 16%规则中如同一参数具有双向极限要求，在不引起歧义的情况下，可以在参数代号前加 U、L。

(4) 表面加工纹理是指表面微观结构的主要方向，由所采用的加工方法或其他因素形成，必要时才规定加工纹理。常用的加工纹理方向如表 4.7 所示。

表面粗糙度标注示例如表 4.8 所示。

表 4.8　表面粗糙度标注示例

示　例	含　义
$\sqrt{}$ *Rz* 0.4	表示不允许去除材料，单向上限值，默认传输带，R 轮廓最大高度为 0.4 μm，评定长度为 5 个取样长度(默认)，"16%规则"(默认)
$\sqrt{}$ *Rz*max 0.2	表示去除材料，单向上限值，默认传输带，R 轮廓最大高度的最大值为 0.2 μm，评定长度为 5 个取样长度(默认)，"最大规则"
$\sqrt{}$ 0.008-0.8/*Ra* 3.2	表示去除材料，单向上限值，传输带为 0.008 mm，取样长度为 0.8 mm，R 轮廓算术平均偏差为 3.2 μm，评定长度为 5 个取样长度(默认)，"16%规则"(默认)
$\sqrt{}$ -0.8/*Ra*3 3.2	表示去除材料，单向上限值，传输带为默认，取样长度为 0.8 μm，R 轮廓算术平均偏差为 3.2 μm，评定长度为 3 个取样长度，"16%规则"(默认)
铣 $\sqrt{}$ U 0.008-4/*Ra* max 50 L 0.008-4/*Ra* 6.3 3 $\sqrt{}$ C	表示去除材料，双向极限值，传输带为 0.008 mm，取样长度为 4 mm，R 轮廓上限算术平均偏差为 50 μm，评定长度为 5 个取样长度(默认)，"最大规则"，下限值：算术平均偏差为 6.3 μm，评定长度为 5 个取样长度(默认)，"16%规则"(默认) 加工方法：铣削　加工余量：3 mm

4.2.2 表面粗糙度在图样上的标注

表面粗糙度对每个表面一般只标注一次，尽可能标注在相应的尺寸及其公差的同一视图。表面粗糙度的注写和读取方向与尺寸的注写和读取方向一致。

表面粗糙度可标注在轮廓线上，符号应从材料外指向并接触表面。必要时表面粗糙度符号也可用带箭头或黑点的指引线引出标注，如图4.9所示。

在不引起误解的情况下，表面粗糙度可标注在给定的尺寸线上，或形位公差框格上方，如图4.10所示。

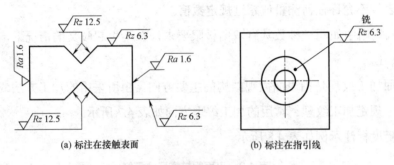

(a) 标注在接触表面　　　　　　　　(b) 标注在指引线

图4.9　表面粗糙度标注(1)

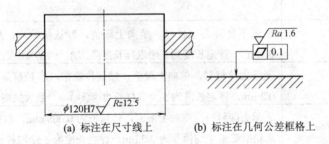

(a) 标注在尺寸线上　　　　(b) 标注在几何公差框格上

图4.10　表面粗糙度标注(2)

4.3　表面粗糙度参数值的选择

选择零件表面粗糙度参数时，应充分合理地反映表面微观几何形状的真实情况。在满足功能要求的前提下顾及经济性，使参数尽可能取大值。

4.3.1 表面粗糙度参数的选择

表面粗糙度有幅度、间距和曲线等评定参数，其中最常用的是幅度参数。对大多数表面一般用幅度特性评定参数就可以反映被测表面粗糙度的特征。Ra 参数能充分反映表面微观几何形状高度方面的特性，所以对于光滑表面和半光滑表面，普遍采用 Ra 作为评定参数。但对于极光滑和极粗糙的表面，不宜采用 Ra 作为评定参数。Rz 参数不如 Ra 参数反映的几何特性准确，但 Rz 概念简单，测量简便。Rz 与 Ra 联用，可以评定某些不允许出现较大加工痕迹和受交变应力作用的表面。对于被测表面面积很小等不宜采用 Ra 评定时，常采用 Rz 参数。

轮廓单元的平均宽度 Rsm、轮廓支承长度率 $Rmr(c)$ 作为附加参数，在幅度参数不能满足表面功能要求时，才附加选用。例如对密封性要求高的表面，可规定轮廓单元的平均宽度 Rsm；对耐磨性要求高的表面可规定轮廓支承长度率 $Rmr(c)$。

4.3.2　表面粗糙度参数值的确定

表面粗糙度参数值选择对产品的使用性能、质量和制造成本有很大影响。一般选择表面粗糙度时既要考虑零件的功能要求，又要考虑其制造成本。在满足功能要求的前提下，尽量选用较大的表面粗糙度参数值。

在实际应用中，由于表面粗糙度和零件的功能关系复杂，难以全面精确按零件表面功能要求确定其参数允许值，因此常用类比法确定。一般选择原则如下。

(1) 同一零件上，工作表面的粗糙度参数值小于非工作表面的参数值。

(2) 摩擦表面的参数值比非摩擦表面要小；滚动摩擦表面的参数小；运动速度高、单位压力大的摩擦表面的参数值应比运动速度低、单位压力小的摩擦表面要小。

(3) 受循环载荷的表面和易引起应力集中的部位(如圆角、沟槽等)粗糙度参数要小。

(4) 配合性质要求较高的配合表面，要求配合稳定可靠，粗糙度值也应选得小些。在间隙配合中，间隙越小，参数值应越小；在过盈配合中，为了保证联结强度，也应规定较小的粗糙度参数值。

(5) 配合性质相同时，零件尺寸越小，参数值应越小；同一公差等级，小尺寸比大尺寸、轴比孔的表面粗糙度参数值要小。

(6) 表面粗糙度参数值应与尺寸公差及形状公差相协调，表 4.9 列出了表面粗糙度参数值与尺寸公差及形状公差的对应关系。一般来说，尺寸公差、形状公差小时，表面粗糙度参数值也小。但在有些场合，尺寸公差要求很低而表面粗糙度参数值却要求很小，例如机器、仪器上的手柄，手轮表面等。

表4.9　表面粗糙度参数值与尺寸公差、形状公差的关系　　　　　%

形状公差 t 占尺寸公差 T 的 百分比 t/T	表面粗糙度参数值占尺寸公差的百分比	
	Ra / T	Rz / T
≈60	≤5	≤20
≈40	≤2.5	≤10
≈25	≤1.2	≤5

(7) 防腐性、密封性要求高，外表美观等表面的表面粗糙度值应较小。

(8) 有关标准已对表面粗糙度作出规定，则应按标准规定的表面粗糙度参数值选用。

常用表面粗糙度的参数值及表面粗糙度与所适用的零件表面选择时可参考表 4.10 及表 4.11。

表 4.10　常用表面粗糙度 Ra 的参考值

经常拆卸的配合表面			过盈配合的配合表面				定心精度高 的配合表面			滑动轴承表面		
公 差 等 级	表 面	公称尺寸 /mm	公 差 等 级	表 面	公称尺寸/mm			径向 跳动	轴	孔	公 差 等 级	表 面	Ra
		~50	>50 ~500			~50	>50 ~120	>120 ~500							
		Ra				Ra				Ra				
5	轴	0.2	0.4	5	轴	0.1~ 0.2	0.4	0.4	2.5	0.05	0.1	6~ 9	轴	0.4~ 0.8
	孔	0.4	0.8		孔	0.2~ 0.4	0.8	0.8	4	0.1	0.2		孔	0.8~ 1.6
6	轴	0.4	0.8	6 7	轴	0.4	0.8	1.6	6	0.1	0.2	10~ 12	轴	0.8~ 3.2
	孔	0.4~ 0.8	0.8~ 1.6		孔	0.8	1.6	1.6	10	0.2	0.4		孔	1.6~ 3.2
7	轴	0.4~ 0.8	0.8~ 1.6	8	轴	0.8	0.8~ 1.6	1.6~ 3.2	16	0.4	0.8	流 体 润 滑	轴	0.1~ 0.4
	孔	0.8	1.6		孔	1.6	1.6~ 3.2	1.6~ 3.2	20	0.8	1.6		孔	0.2~ 0.8
8	轴	0.8	1.6	热 套 法	轴	1.6								
	孔	0.8~ 1.6	1.6~ 3.2		孔	1.6~3.2								

装配按机械压入

表 4.11　表面粗糙度应用举例

Ra/ μm	应用举例
0.008	量块的工作表面、高精度测量仪器的测量面、光学测量仪器中的金属镜面、高精度仪器摩擦机构的支撑面
0.012	仪器的测量表面、量仪中高精度间隙配合零件的工作表面、尺寸超过 100 mm 的量块工作表面等
0.025	特别精密的滚动轴承套圈滚道、滚珠及滚柱表面，量仪中中等精度间隙配合零件的工作表面，柴油发动机高压油泵中柱塞和柱塞套的配合表面，保证高度气密的接合表面等
0.05	特别精密的滚动轴承套圈滚道、滚珠及滚柱表面，摩擦离合器的摩擦表面，工作量规的测量表面，精密刻度盘表面，精密机床主轴套筒外圆面等
0.1	工作时承受较大反复应力的重要零件表面，保证零件的疲劳强度、防蚀性及在活动接头工作中耐久性的一些表面，精密机床主轴箱与套筒配合的孔，活塞销的表面，液压传动用孔的表面，阀的工作面，汽缸内表面，保证精确定心的锥体表面，仪器中承受摩擦的表面，如导轨、槽面等
0.2	要求能长期保持所规定的配合特性的孔 IT6、IT5，6 级精度的齿轮工作面，蜗杆齿面(6～7 级)，与 5 级滚动轴承配合的孔和轴颈表面，要求保证定心及配合特性的表面，滑动轴承轴瓦的工作表面，分度盘表面，工作时受反复应力的重要零件，受力螺栓的圆柱表面，曲轴和凸轮轴的工作表面，发动机气门头圆锥面，与橡胶油封相配的轴表面等
0.4	不要求保证定心及配合特性的活动支承面，高精度的活动接头表面、支承垫圈等
0.8	要求保证定心及配合特性的表面、锥销与圆柱销的表面、与 G 级和 E 级精度滚动轴承相配合的孔和轴颈表面、中速转动的轴颈、过盈配合的孔 IT7、间隙配合的孔 IT8，花键轴上的定心表面、滑动导轨面
1.6	要求有定心及配合特性的固定支承、衬套、轴承和定位销的压入孔表面，不要求定心及配合特性的活动支承面，活动关节及花键结合面，8 级齿轮的齿面，齿条齿面，传动螺纹工作面，低速转动的轴、楔形键及键槽上下面，轴承盖凸肩表面(对中心用)，端盖内侧滑块及导向面，三角皮带轮槽表面，电镀前金属表面等
3.2	半精加工表面。外壳、箱体、盖面、套筒、支架和其他零件连接而不形成配合的表面，不重要的紧固螺纹的表面，非传动用的梯形螺纹、锯齿形螺纹表面，燕尾槽的表面，需要发蓝的表面，需要滚花的预加工表面，低速下工作的滑动轴承和轴的摩擦表面，张紧链轮、导向滚轮壳孔与轴的配合表面，止推滑动轴承及中间片的工作表面，滑块与导向面(速度 20～50 m/min)，收割机械切割器的摩擦片、动刀片、压力片的摩擦面，脱粒机格板工作表面等
6.3	半精加工表面。用于不重要零件的非配合表面，如支柱、轴、支架、外壳、衬套、盖等的端面，螺栓、螺钉、双头螺栓和螺母的自由表面，不要求定心及配合特性的表面，如螺栓孔、螺钉孔和铆钉等表面，飞轮、皮带轮、离合器、联轴节、凸轮、偏心轮的侧面，平键及键槽上下面，楔键侧面，花键非定心面，齿轮顶圆表面，所有轴和孔的退刀槽，不重要的连接配合表面，犁铧、犁侧板、深耕铲等零件的摩擦工作面，插秧爪面等
12.5	多用于粗加工的非配合表面，如轴端面、倒角、钻孔、齿轮及皮带轮的侧面，键槽非工作表面，垫圈的接触面，不重要的安装支承面，螺钉、铆钉孔表面等

4.4 表面粗糙度的评定

表面粗糙度是微观几何评定。测量值与一般长度测量相比较，具有测量值小、测量精度要求高等特点。测量表面粗糙度的仪器形式多种多样，从测量原理上看，常用的测量方法有以下几种。

1. 比较法

比较法是把被检零件表面与粗糙度标准样块直接进行比较来确定被测表面粗糙度的一种方法。使用时，样块的材料、表面形状及加工纹理方向应尽可能与被检零件一致。比较法的检测精度差，仅用于车间检测。

2. 印模法

印模法用于某些既不能使用仪器直接测量，也不便于用样块相对比的表面，如深孔、盲孔、凹槽、内螺纹等。

3. 光切法

光切法是利用"光切原理"来测量表面粗糙度。常用双管显微镜测量 Rz 值为 0.5～60 μm 的车、铣、刨等外表面。

4. 干涉法

干涉法利用光波干涉原理测量表面粗糙度。常用于测量 Rz 值为 0.025～0.8 μm 的表面。常用仪器是干涉显微镜。

5. 针描法

针描法也称为感触法，是一种接触式测量表面粗糙度的方法。通过金刚石触针针尖与被测表面相接触，当触针以一定的速度沿被测表面移动时，微观不平的痕迹，使触针作垂直于轮廓方向的运动，从而产生电信号。信号经过处理后，可以直接测出算术平均偏差 Ra 等评定表面粗糙度的参数值。这种方法适合测量的 Ra 值 0.025～5 μm。

4.5 习　　题

1. 表面粗糙度对零件的使用性能有哪些影响？

2. 取样长度和评定长度有什么区别？

3. 表面粗糙度上限值和最大值有什么区别?

4. 在一般情况下,$\phi 40H6$ 和 $\phi 10H6$ 相比,$\phi 40H6/f5$ 和 $\phi 40H6/s5$ 相比,哪一个应选用较小的粗糙度参数值?

5. 判断题(正确的打√,错误的打×)。

(1) 测表面粗糙度时,取样长度过短不能反映表面粗糙度的真实情况,因此取样长度越长越好。 ( )

(2) 零件的尺寸精度越高,通常表面粗糙度参数值相应取得越小。 ( )

(3) 要求配合精度高的零件,其表面粗糙度数值应大。 ( )

(4) 零件的尺寸公差等级越高,则该零件加工后表面粗糙度轮廓数值越小,由此可知,表面粗糙度要求很小的零件,则其尺寸公差亦必定很小。 ( )

(5) 在保证满足技术要求的前提下,应选用较小的表面粗糙度数值。 ( )

6. 有一转轴,其尺寸为 $\phi 50^{+0.017}_{+0.002}$,圆柱度公差为 2.5 μm,试根据尺寸公差和形状公差确定该轴的表面粗糙度评定参数 Ra 和 Rz 的数值。

7. 选择表面粗糙度时,主要考虑哪些因素?

8. 表面粗糙度常用的检测方法有哪些?

9. 检测表面粗糙度参数的方法有哪些?

10. 将下列表面粗糙度的要求标注在图 4.11 上。

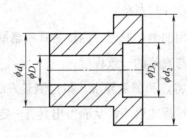

图 4.11 习题 10 图

(1) ϕD_1 孔表面粗糙度 Ra 的最大值为 3.2 μm;

(2) ϕD_2 孔表面粗糙度 Ra 的上、下限应在 3.2～6.3 μm 范围内;

(3) 凸缘右端面采用铣削加工,表面粗糙度 Rz 的上限值为 12.5 μm,加工纹理呈近似放射状;

(4) 其余表面的表面粗糙度 Ra 的最大值为 12.5 μm。

第5章 测量技术基础

本章的学习目的是了解测量技术的基本知识，掌握光滑极限量规工作尺寸的计算方法。学习的主要内容包括：量器具的种类和测量方法；测量误差的种类和数据处理的基本方法；光滑工件验收标准及选择测量器具的原则；光滑极限量规的公差带的布置方案，及设计光滑极限量规的方法。

5.1 概　　述

检测是测量与检验的总称。测量是把被测量与具有计量单位的标准量进行比较，从而确定被测量量值的过程。而检验则是判断零件是否合格，不需要测出具体数值。测量包括被测对象、测量单位、测量方法和测量精度四个要素。

(1) 被测对象：研究的被测对象是几何量，即长度、角度、形状、位置、表面粗糙度以及齿轮等复杂零件中的几何参数。

(2) 测量单位：国家的法定计量单位。

(3) 测量方法：测量时采用的测量原理、测量器具和测量条件的总称。

(4) 测量精度：测量结果与真值的一致程度。

测量就是根据测量对象的特点和测量要求，拟定测量方法，选定计量器具，把被测量与标准量进行比较，分析测量过程的误差，从而得出具有一定测量精度的测量结果。

5.1.1　长度基准

我国法定的计量单位中，长度的基本单位是米(m)。在机械制造中常用的单位是毫米(mm)和微米(μm)，在精密测量中多用微米为单位。角度单位有弧度，其他常用的单位还有度($°$)、分($'$)、秒($''$)。

工程上使用的计量标准器具多为实体量具，用光波干涉仪检定计量标准器具，并把计量单位的量值依次传递到使用中的计量器具上，以保证量值的统一。

长度量值传递系统分两条路线。一条通过标准线纹尺传递，另一条通过标准量块传递，由国际计量部门组织执行。其中尤以量块应用广泛。

量块是机械制造中精密长度计量应用最广泛的一种实体标准，它是以两个相互平行测量面之间的距离来决定其长度的一种高精度的单值量具。量块用铬锰钢等特殊合金钢制成，有长方体和圆柱体两种，常用的是长方体，如图 5.1 所示。

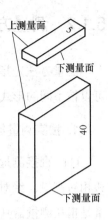

量块有两个平行的测量面和四个非测量面。测量面光滑、平整，其表面粗糙度为 $Ra = 0.008\sim0.012\ \mu m$。上测量面的中心到与下测量面研合的平晶表面间的垂直距离称为量块的中心长度尺寸。工作尺寸标注在量块上，尺寸<6 mm 的量块，尺寸刻在上测量面上；尺寸≥6 mm 的量块，尺寸刻在一个非测量面上，如图 5.1 所示。

我国成套生产的量块共 17 种套别，每套块数为 91、83、46、12、10、8、6、5 等。在使用量块时，应尽量减少量块组合块数。表 5.1 列出了 83 块和 91 块一套的量块尺寸系列。

图 5.1　量块

表 5.1　成套量块尺寸表

总块数	尺寸系列/mm	间隔/mm	块数	总块数	尺寸系列/mm	间隔/mm	块数
83	0.5	—	1	91	1.01～1.49	0.01	49
	1	—	1		1.5～1.9	0.1	5
	1.005	—	1		2.0～9.5	0.5	16
	1.01～1.49	0.01	49		10～100	10	10
	1.5～1.9	0.1	5		1.001～1.009	0.001	9
	2.0～9.5	0.5	16		1	—	1
	10～100	10	10		0.5	—	1

根据国家标准量块可按制造精度分级和按检定精度分等。按制造精度分为 6 级，即 00、0、1、2、3 和 K 级，其中 00 级精度最高，3 级最低，K 级为校准级；按检定精度分为 6 等，即 1、2、3、4、5、6 等。一套量块有两种使用方法，按"级"使用：根据刻在量块上的名义尺寸，忽略其制造误差；按"等"使用：根据量块的实际尺寸，忽略检定时的测量误差。

可以利用量块的黏合性组合尺寸使用。量块的组合方法及原则如下。

(1)　量块块数尽可能少，一般不超过 3～5 块。

(2)　必须从同一套量块中选取，决不能在两套或两套以上的量块中混选。

(3)　组合时，不能将测量面与非测量面相研合。

(4)　组合时，下测量面一律朝下。

5.1.2　测量方法

测量方法是指进行测量时所采用的测量原理、测量器具和测量条件的总和。测量方法可以按不同的形式进行分类。

1. 按实测量是否为被测量分类

(1)　直接测量：被测量能直接从测量器具获得的测量方法。直接测量又分为绝对测量和相对测量。绝对测量是指测量时从测量器具上直接得到被测参数的整个量值，而相对测量是指从测量器具上读出的是被测量相对于标准量的偏差值。

(2)　间接测量：通过测量与被测参数有已知函数关系的其他量而得到被测参数值。

2. 按同时测量被测参数的多少分类

(1)　综合测量：同时测量工件上几个相关参数，综合判断工件是否合格。

(2)　单项测量：测量工件的单项参数，它们没有直接联系。

测量还可按其他方法分为接触测量与非接触测量、被动测量与主动测量、静态测量与动态测量等。

5.1.3　测量器具

测量器具是测量仪器和测量工具的总称。测量器具按其测量原理、结构特点及用途等分为以下四类。

1. 标准量具

在测量中体现标准量的量具称为标准量具。标准量具通常用来校对和调整其他测量器具，或作为标准量与被测工件进行比较，如量块、直角尺等。

2. 通用测量器具

通用测量器具通用性强，可测量某一范围内的任一尺寸，并能获得具体读数值，如游标卡尺、螺旋测微器。

3. 专用测量器具

专用测量器具是专门用来测量某种特定参数的测量器具，如极限量规、圆度仪等。

4. 检验夹具

检验夹具是指量具、量仪、定位元件等组合成的一种专用的检验夹具。当配合各种比较仪时能用来检验更多和更复杂的参数。

5.1.4 测量条件

测量结果不仅取决于测量器具，还受到测量条件的影响。测量条件是指测量时工件和量具所处的地点和环境。测量环境包含温度、湿度、气压、振动和灰尘等因素。测量的标准温度为 20℃。一般计量室的温度控制在 20℃±(0.5～2)℃，精密计量室的温度控制在 20℃±(0.05～0.03)℃，且尽可能使被测对象与计量器具在相同温度下进行测量。计量室的湿度以 50%～60%为宜，还应远离振动器，清洁度要高。

5.2 测量误差和数据处理

在测量中不可避免产生误差。因为需要的是一个正确反映被测量的测量值，这个测量值只要根据相应的要求，在一定程度上逼近真值就可以。要获得一个正确的、与要求相应的数据，必须对一系列测量数据作科学的整理和分析。分析测量误差产生的原因、条件及其规律，找出相应的措施，并对这些测量误差进行定性分析和定量计算，从而得到所需的测量结果及其结果的可信程度。

5.2.1 测量误差的分类

从大量统计规律分析，按误差出现的规律可将测量误差分为随机误差、系统误差和粗大误差三类。

1. 随机误差

随机误差是指单个测量误差出现的大小、正负都无规律的误差。它是由许多暂时未被认识的一时不便控制的微小因素造成的误差。

随机误差出现的规律符合数学上的统计规律，因此常用概率论和统计方法进行处理，以便控制并减小它对测量结果的影响。

2. 系统误差

系统误差是有规律的可掌握的误差，分为定值的和变值的两种。

(1) 定值系统误差：在测量时对每次测得的值的影响都是相同的。例如仪器零点的调整误差。

(2) 变值系统误差：在测量时对测得值的影响按一定规律变化。例如测量中温度变化引起的误差。

在精密测量中应尽量消除系统误差，为此必须对测量结果进行分析，掌握其影响规律然后加以校正或消除。原则上系统误差可以控制，但有时规律不容易掌握，此时往往将这些系统误差看成随机误差来处理。

3. 粗大误差

粗大误差数值比较大，是由于测量时测量条件的突变或疏忽大意等因素造成的。它对测量结果明显歪曲，应予以发现和剔出。

在单次测量中，要发现有无粗大误差，一般是重新测量，看测量结果是否相差太远，从而作出判断。

5.2.2　测量精度

精度和误差是相对的概念。由于误差分系统误差和随机误差，因此笼统的精度不能反映误差的差异，需引入下面的概念。

(1) 正确度：表示测量结果中系统误差的大小程度，系统误差小，正确度高。

(2) 精密度：表示测量结果中随机误差的大小程度，随机误差小，精密度高。

(3) 精确度：是测量结果的正确度和精密度的综合反映。系统误差和随机误差都小，精确度高。精确度通常称为精度。

5.2.3　数据处理

测量分为直接测量和间接测量，这两种测量中数据处理的过程也有所不同。

1. 直接测量的数据处理步骤

(1) 判断测量数列中是否存在系统误差，若有应设法加以消除或减少。

(2) 计算测量数列中的算术平均值、残余误差和标准偏差的估计值。

(3) 判断粗大误差，若存在，应剔出并重新组成测量数列，重复步骤(2)直至无粗大误差。

(4)　计算测量数列算术平均值的标准估计值和测量极限偏差。

(5)　确定测量结果。

2. 间接测量的数据处理

间接测量的特点是所需的测量值是通过测量有关的独立测量值 x_1、x_2、$\cdots$、x_n 后，再经过计算得到。所需测量值 y 是有关独立值的函数：

$$y=f(x_1, x_2, \cdots, x_n)$$

数据处理步骤如下。

(1)　根据函数关系式和各直接测量值 x_i 计算间接测量值 y_0。

(2)　根据下式计算函数的系统误差 Δy：

$$\Delta y = \frac{\partial f}{\partial x_1}\Delta x_1 + \frac{\partial f}{\partial x_2}\Delta x_2 + \cdots + \frac{\partial f}{\partial x_n}\Delta x_n \tag{5-1}$$

(3)　按下式计算函数的测量极限误差 $\delta_{\lim y}$：

$$\delta_{\lim y} = \pm\sqrt{\left(\frac{\partial f}{\partial x_1}\right)^2\delta_{\lim x_1}^2 + \left(\frac{\partial f}{\partial x_2}\right)^2\delta_{\lim x_2}^2 + \cdots + \left(\frac{\partial f}{\partial x_n}\right)^2\delta_{\lim x_n}^2} = \pm\sqrt{\sum_{i=1}^{n}\left(\frac{\partial f}{\partial x_i}\right)^2\delta_{\lim x_i}^2} \tag{5-2}$$

式中：　$\delta_{\lim y}$——函数的测量极限误差；

　　　　$\delta_{\lim x_i}$——各直接测量值的极限误差。

(4)　确定测量结果为：$y = (y_0 - \Delta y) \pm \delta_{\lim y}$

5.3　光滑工件尺寸的检测

正确选择测量器具，既要考虑测量器具的精度，以保证被检工件的质量，同时也要考虑检验的经济性，不应过分追求选用高精度的测量器具。

5.3.1　测量器具的选择

无论采用通用测量器具，还是采用极限量规，对工件进行检测都有测量误差存在，其影响如图 5.2 所示。由于测量误差对测量结果有影响，当真实尺寸位于极限尺寸附近时，会引起误收，即把实际尺寸超过极限尺寸范围的工件误认为合格；或误废，即把实际尺寸在极限尺寸范围内的工件误认为不合格。可见，测量误差的存在将在实际测量时改变工件规定的公差带，使之缩小或扩大。

考虑到测量误差的影响，必须规定验收极限和允许的测量误差(包括量规的极限偏差)。

1．验收极限

验收极限是判断检验工件尺寸合格与否的尺寸界限。

确定工件尺寸的验收极限，有下列两种方案。

(1) 验收极限是从工件规定的最大实体尺寸(MMS)和最小实体尺寸(LMS)分别向工件公差带内移动一个安全裕度 A 来确定，简称内缩方案，如图 5.3 所示。

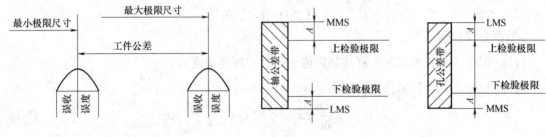

图 5.2　测量误差的影响　　　　　　　图 5.3　验收极限

轴尺寸的验收极限：

$$上检验极限=最大实体尺寸(MMS)–安全裕度(A)$$

$$下检验极限=最小实体尺寸(LMS)+安全裕度(A)$$

孔尺寸的验收极限：

$$上检验极限=最小实体尺寸\ (LMS)–安全裕度(A)$$

$$下检验极限=最大实体尺寸(MMS)+安全裕度(A)$$

(2) 验收极限分别等于规定的最大实体尺寸(MMS)和最小实体尺寸(LMS)，即 A 值等于零。此方案使误收和误废可能发生。

为了保证产品质量，我国制定了国家标准《光滑工件尺寸的检验》(GB/T 3177—2009)。该标准规定的检验原则是：所用验收方法应只接收位于规定的尺寸极限之内的工件。

在用游标卡尺、千分尺和生产车间使用的分度值不小于 0.0005 mm(放大倍数不大于 2000 倍)的比较仪等测量器具时，检验图样上注出的公称尺寸至 500 mm、公差值为 6～18 级(IT6～IT18)的有配合要求的光滑工件尺寸时，按方案(1)即内缩方案确定验收极限。对非配合尺寸和一般公差的尺寸，按方案(2)确定验收极限。

安全裕度 A 的确定，必须从技术和经济两个方面综合考虑。A 值较大时，则可选用较低精度的测量器具进行检验，但加工经济性差；A 值较小时，要用较精密的测量器具，加工经济性好，但测量仪器费用高，结果也提高了生产成本。

因此 A 值应按被检验工件的公差大小来确定，一般为工件公差的 1/10。国家标准规定的 A 值列于表 5.2 中。

表 5.2　安全裕度(A)与计量器具的测量不确定度允许值(u₁)(摘自《光滑工件尺寸的检验》(GB/T 3177—2009))

单位: μm

基本尺寸/mm		公差等级 6					公差等级 7					公差等级 8					公差等级 9				
>	至	公差 T	A	u_1 I	u_1 II	u_1 III	公差 T	A	u_1 I	u_1 II	u_1 III	公差 T	A	u_1 I	u_1 II	u_1 III	公差 T	A	u_1 I	u_1 II	u_1 III
—	3	6	0.6	0.5	0.9	1.4	10	1.0	0.9	1.5	2.3	14	1.4	1.3	2.1	3.2	25	2.5	2.3	3.8	5.6
3	6	8	0.8	0.7	1.2	1.8	12	1.2	1.1	1.8	2.7	18	1.8	1.6	2.7	4.1	30	3.0	2.7	4.5	6.8
6	10	9	0.9	0.8	1.4	2.0	15	1.5	1.4	2.3	3.4	22	2.2	2.0	3.3	5.0	36	3.6	3.3	5.4	8.1
10	18	11	1.1	1.0	1.7	2.5	18	1.8	1.7	2.7	4.1	27	2.7	2.4	4.1	6.1	43	4.3	3.9	6.5	9.7
18	30	13	1.3	1.2	2.0	2.9	21	2.1	1.9	3.2	4.7	33	3.3	3.0	5.0	7.4	52	5.2	4.7	7.8	12
30	50	16	1.6	1.4	2.4	3.6	25	2.5	2.3	3.8	5.6	39	3.9	3.5	5.9	8.8	62	6.2	5.6	9.3	14
50	80	19	1.9	1.7	2.9	4.3	30	3.0	2.7	4.5	6.8	46	4.6	4.1	6.9	10	74	7.4	6.7	11	17
80	120	22	2.2	2.0	3.3	5.0	35	3.5	3.2	5.3	7.9	54	5.4	4.9	8.1	12	87	8.7	7.8	13	20
120	180	25	2.5	2.3	3.8	5.6	40	4.0	3.6	6.0	9.0	63	6.3	5.7	9.5	14	100	10	9.0	15	23
180	250	29	2.9	2.6	4.4	6.5	46	4.6	4.1	6.9	10	72	7.2	6.5	11	16	115	12	10	17	26
250	315	32	3.2	2.9	4.8	7.2	52	5.2	4.7	7.8	12	81	8.1	7.3	12	18	130	13	12	19	29
315	400	36	3.6	3.2	5.4	8.1	57	5.7	5.1	8.4	13	89	8.9	8.0	13	20	140	14	13	21	32
400	500	40	4.0	3.6	6.0	9.0	63	6.3	5.7	8.5	14	97	9.7	8.7	15	22	155	16	14	23	35

2. 测量器具的选择

安全裕度 A 相当于测量中总的不确定度。不确定度用以表征测量过程中各项误差综合影响沿测量结果分散程度的误差界限。从测量误差来源看，它由两部组成，即测量器具的不确定度(u_1)和由温度、压陷效应及工件形状误差等因素引起的不确定度(u_2)。u_1 是表征测量器具的内在误差(如随机误差和未定系统误差)引起测量结果分散程度的一个误差限，其中包括调整标准器具的不确定度，它的允许值约为 $0.9A$。u_2 的允许值约为 $0.45A$。u_1 和 u_2 可按随机变量合成，即

$$1.00A = \sqrt{u_1^2 + u_2^2} \approx \sqrt{(0.9A)^2 + (0.45A)^2} \tag{5-3}$$

计量器具按表 5.2 中规定的测量器具所引起的测量不确定度的允许值(u_1) 选取。选择时，应使所选用的计量器具的测量不确定度数值等于或小于选定的 u_1 值。

计量器具的测量不确定度允许值(u_1)按测量不确定度(u)与工件公差的比值分档：对 IT6～IT11 级的公差分为 Ⅰ、Ⅱ、Ⅲ 三档，对 IT12～IT18 级的公差分为 Ⅰ、Ⅱ 两档。测量不确定度(u)的 Ⅰ、Ⅱ、Ⅲ 三档值，分别为工件公差的 1/10、1/6、1/4。计量器具的测量不确定度允许值(u_1)约为测量不确定度(u)的 0.9 倍，其三档部分数值列于表 5.2 中。

选用表 5.2 中计量器具的测量不确定度允许值(u_1)，一般情况下优先选用 Ⅰ 档，其次选用 Ⅱ 档、Ⅲ 档。

表 5.3、表 5.4 列出了一些常用测量器具的不确定度(u_1)值，可供选用测量器具时参考。

表 5.3　千分尺和游标卡尺的不确定度　　　　　　　　　　　　　　　mm

尺寸范围	计量器具类型			
	分度值为 0.01 的外径千分尺	分度值为 0.01 的内径千分尺	分度值为 0.02 的游标卡尺	分度值为 0.05 的游标卡尺
	不确定度			
0～50	0.004			
50～100	0.005	0.008		0.050
100～150	0.006		0.020	
150～200	0.007			
200～250	0.008	0.013		
250～300	0.009			
300～350	0.010			0.100
350～400	0.011	0.020		
400～450	0.012			
450～500	0.013	0.025		
500～600				
600～700	0.015	0.030		
700～800				

表 5.4 比较仪和指示表的不确定度 mm

名称	分度值	放大倍数或量程范围	≤25	>25~40	>40~65	>65~90	>90~115	>115~165	>165~215	>215~265	>265~315
比较仪	0.0005	2000 倍	0.0006	0.0007	0.0008	0.0008	0.0009	0.0010	0.0012	0.0014	0.0016
	0.001	1000 倍	0.0010	0.0010	0.0011	0.0011	0.0012	0.0013	0.0014	0.0016	0.0017
	0.002	400 倍	0.0017	0.0018	0.0018	0.0018	0.0019	0.0019	0.0020	0.0021	0.0022
	0.005	250 倍	0.0030	0.0030	0.0030	0.0030	0.0030	0.0030	0.0035	0.0035	0.0035
千分尺	0.001	0 级全程内	0.005	0.005	0.005	0.005	0.005	0.005	0.006	0.006	0.006
		1 级 0.2 mm 内									
	0.002	1 转内									
	0.001	1 级全程内	0.010	0.010	0.010	0.010	0.010	0.010	0.010	0.010	0.010
	0.002										
	0.005										
百分表	0.01	0 级任意 1 mm 内	0.010	0.010	0.010	0.010	0.010	0.010	0.010	0.010	0.010
	0.01	0 级全程内	0.018	0.018	0.018	0.018	0.018	0.018	0.018	0.018	0.018
		1 级任意 1 mm 内									
	0.01	1 级全程内	0.030	0.030	0.030	0.030	0.030	0.030	0.030	0.030	0.030

注：① 测量时，使用的标准器由 4 块 1 级(或 4 等)量块组成。

【例 5-1】被测工件为 ϕ 50f8 mm，试确定验收极限并选择合适的测量器具。

解：

(1) 查表确定工件的极限偏差为

$$\phi\, 50f8\left(^{-0.025}_{-0.064}\right) \text{mm}。$$

(2) 确定安全裕度 A 和测量器具不确定允许值 u_1。

查表 5.2 得

$$A=0.0039 \text{ mm}$$

$$u_1=0.0035 \text{ mm}。$$

(3) 选择测量器具。

按工件公称尺寸 50 mm，从表 5.4 查知，分度值为 0.005 mm 的比较仪不确定度 u_1 为 0.0030 mm，小于允许值 0.0035 mm，可满足使用要求。

(4) 计算验收极限：如图 5.3 所示。

$$上验收极限 = d_{\max} - A = 50 - 0.025 - 0.0039 = 49.9711 \text{(mm)}$$

$$下验收极限 = d_{\min} + A = 50 - 0.064 + 0.0039 = 49.9399 \text{(mm)}$$

5.3.2 光滑极限量规

光滑极限量规是一种没有刻度的专用计量器具。用这种量规检验工件时，只能判断工件合格与否，而不能获得工件的实际尺寸。

1. 极限量规的作用和种类

光滑极限量规是通规和止规成对使用的，其中检验孔用的称塞规，检验轴用的称卡(环)规。如图 5.4 所示。通规用来控制工件的最大实体尺寸，止规用来控制工件的最小实体尺寸。当用极限量规检验工件时，如果通规能通过，止规不能通过，则该工件合格。通规和止规的代号分别为"T"和"Z"。

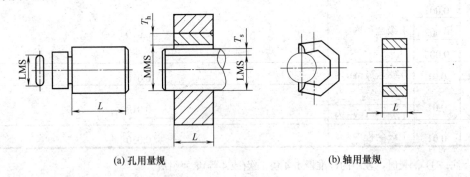

(a) 孔用量规　　　　　　　　　　(b) 轴用量规

图 5.4　光滑极限量规

量规按用途可分为以下三类。

(1) 工作量规：即工人在加工工件时用来检验工件的量规。

(2) 验收量规：即检验部门或用户代表验收产品时所用的量规。验收量规一般不另行制造，检验人员应该使用与生产工人相同类型且已磨损较多但未超过磨损极限的通规，这样由生产工人自检合格的产品，检验部门验收时也一定合格。

(3) 校对量规：用以检验轴用工作量规的量规。孔用工作量规用指示式计量器具测量很方便，不需要校对量规，只有轴用工作量规才使用校对量规。

2. 量规的形状

对于要求遵守包容要求的孔和轴，应按极限尺寸判断原则(即泰勒原则)验收。极限尺寸判断原则规定工件的提取组成要素不得超越其最大实体边界，其局部尺寸不得超出最小实体尺寸。光滑极限量规设计时，通规受到最大实体尺寸限制，止规受到最小实体尺寸限制。

通规的测量面应是与孔或轴形状相对应的完整表面，其定形尺寸等于零件的最大实体尺寸，且测量长度等于配合长度，因此通规常称为全形量规。止规的测量面是两点状的，这两点状测量面之间的定型尺寸等于工件的最小实体尺寸。如果量规形状不正确，就会造成误收。

在量规的实际应用中，往往由于量规制造和使用方面的原因，要求量规的形状完全符合泰勒原则会有困难，有时甚至不能实现，因而不得不使用偏离泰勒原则的量规。为了尽量减少在使用偏离泰勒原则的量规检验时造成的误判，操作量规一定要正确。例如，使用非全形的通端量规时，应在被检测的孔的全长上沿圆周的几个位置进行检验；使用卡规时，应在被检测轴的配合长度的几个部位并在围绕被检测轴的圆周上的几个位置进行检验。

3. 量规的公差

量规的制造精度比工件高得多，但不可能绝对准确地按某一指定尺寸制造。因此，对量规要规定制造公差。由于通规经常通过合格的工件，其工作表面不可避免受到磨损，为了延长通规的使用寿命，允许其在一定范围内磨损，所以规定磨损极限，而止规受磨损的机会少，故没有磨损极限。

光滑极限量规公差带的布置采用内缩极限方案，即量规公差带置于工件公差带之内，如图 5.5 所示。图中，T 为量规尺寸公差(制造公差)，Z 为通规尺寸公差带的中心到工件最大实体尺寸之间的距离，称为位置要素。

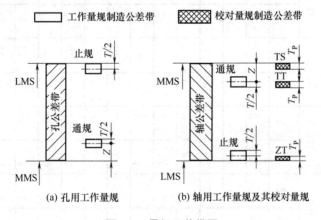

图 5.5　量规公差带图

校对量规可分为"校通–通"(代号 TT)、"校止–通"(代号 ZT)、"校通–损"(代号 TS)三种。校对量规的尺寸公差带完全位于被校对量规的制造公差和磨损极限内，校对量规的尺寸公差 T_p 等于被校对量规尺寸公差 T 的一半，即 $T_p=T/2$，形状误差应控制在其尺寸公差带范围内。

由图 5.5 可知：量规公差 T 和位置要素 Z 的数值大，对工件的加工不利；量规公差 T 小则量规制造困难，位置要素 Z 小则量规使用寿命短。因此国标对公称尺寸至 500mm，公差等级为 IT6～IT16 的孔和轴规定了量规公差，其部分数值见表 5.5，这些数值与被检验工件公差之间的比例关系见表 5.6。

表5.5 光滑极限量规的尺寸公差T和位置要素Z值(摘自《光滑极限量规 技术条件》(GB/T 1957—2006)) μm

工件基本尺寸/mm	IT6		IT7		IT8		IT9		IT10		IT11		IT12		IT13		IT14		IT15		IT16	
	T	Z	T	Z	T	Z	T	Z	T	Z	T	Z	T	Z	T	Z	T	Z	T	Z	T	Z
~3	1.0	1.0	1.2	1.6	1.6	2.0	2.0	3	2.4	4	3	6	4	9	6	14	9	20	14	30	20	40
3~6	1.2	1.4	1.4	2	2	2.6	2.4	4	3	5	4	8	5	9	6	16	11	25	16	35	25	50
6~10	1.4	1.6	1.8	2.4	2.4	3.2	2.8	5	3.6	6	5	9	6	11	7	20	13	30	20	40	30	60
10~18	1.6	2	2	2.8	2.8	4	3.4	6	4	8	6	11	7	13	8	24	15	35	25	50	35	75
18~30	2	2.4	2.4	3.4	3.4	5	4	7	5	9	7	13	8	15	10	28	18	40	28	60	40	90
30~50	2.4	2.8	3	4	4	6	5	8	6	11	8	16	10	18	12	34	22	50	34	75	50	110
50~80	2.8	3.4	3.6	4.6	4.6	7	6	9	7	13	9	19	12	22	14	40	26	60	40	90	60	130
80~120	3.2	3.8	4.2	5.4	5.4	8	7	10	8	15	10	22	14	26	16	46	30	70	46	100	70	150
120~180	3.8	4.4	4.8	6	6	9	8	12	9	18	12	25	16	30	20	52	35	80	52	120	80	180
180~250	4.4	5	5.4	7	7	10	9	14	10	20	14	29	18	35	22	60	40	90	60	130	90	200
250~315	4.8	5.6	6	8	8	11	10	16	12	22	16	32	20	40	26	66	45	100	66	150	100	220
315~400	5.4	6.2	7	9	9	12	11	18	14	25	18	36	22	45	28	74	50	110	74	170	110	250
400~500	6	7	8	10	10	14	12	20	16	28	20	40	24	50	32	80	55	120	80	190	120	280

注: 校对量规的尺寸与公差为被校对轴用量规尺寸公差的一半，即 $T_P=T/2$。

表 5.6　光滑极限量规的尺寸公差 T 和位置要素 Z 值与工件公差的比例关系

被检测工件公差	IT6	IT7	IT8	IT9	IT10	IT11	IT12	IT13	IT14	IT15	IT16
公差等级系数	10	16	25	40	64	100	160	250	400	640	1000
						公比 1.6					
量规公差 T 值 $T_0=15\%$IT6	T_0	$1.25T_0$	$1.6T_0$	$2T_0$	$2.5T_0$	$3.15T_0$	$4T_0$	$6T_0$	$9T_0$	$13.5T_0$	$20T_0$
						公比 1.25					
位置要素 Z 值 $Z_0=17.5\%$IT6	Z_0	$1.4Z_0$	$2Z_0$	$2.8Z_0$	$4Z_0$	$5.6Z_0$	$8Z_0$	$12Z_0$	$18Z_0$	$27Z_0$	$40Z_0$
						公比 1.4					
$(T / \text{IT})/\%$	15	11.7	9.6	7.5	5.9	4.7	3.8	3.6	3.4	3.2	3
$(Z / \text{IT})/\%$	17.5	15.3	14	12.3	10.9	9.8	8.8	8.4	7.9	7.4	7
$[(T/2+Z)/\text{IT}]/\%$	25	21.2	18.8	16.1	13.9	12.2	10.7	10.2	9.6	9	8.5
$[(3T/2+Z)/\text{IT}]/\%$	40	32.9	28.4	23.6	19.2	16.9	14.5	13.8	13	12.2	11.5

国家标准规定的工作量规的形状和位置误差，应在工作量规制造公差范围内，其形位公差为量规尺寸公差的 50%，考虑到制造和测量的困难，当量规制造公差小于或等于 0.002mm 时，其形状和位置公差为 0.001mm。

4. 工作量规的设计

1)　量规型式的选择

检验圆柱形工件的光滑极限量规型式很多(注：型式指类型及形式)，合理地选择及使用，对正确判断测量结果影响很大。量规型式的选择可参照国家标准推荐，测孔时，可用下列几种型式的量规(如图 5.6(a)所示)：①全形塞规；②不全形塞规；③片形塞规；④球端杆规。

测轴时，可用下列型式的量规(如图 5.6(b)所示)：①环规；②卡规。

量规的结构设计可参看有关资料，国标推荐的量规型式应用尺寸范围如表 5.7 所示。

表 5.7　量规型式应用尺寸推荐表

用　途	推荐顺序	量规的工作尺寸/mm			
		～18	>18～100	>100～315	>315～500
工件孔用的通端量规型式	1	全形塞规		不全形塞规	球端杆规
	2	—	不全形或片形塞规	片形塞规	—
工件孔用的止端量规型式	1	全形塞规	全形或片形塞规		球端杆规
	2	—	不全形塞规		
工件轴用的通端量规型式	1	环规		卡规	
	2	卡规			
工件轴用的止端量规型式	1	卡规			
	2	环规	—		

2) 量规工作尺寸的设计

光滑极限量规工作尺寸计算的一般步骤如下。

(1) 从表 2.2、表 2.4、表 2.5 中查出孔与轴的公差、基本偏差，然后计算出最大和最小实体尺寸。

(2) 由表 5.5 查出量规制造公差 T 和位置要素 Z 值。按工作量规制造公差 T，确定工作量规的形状公差和校对量规的制造公差，如图 5.6 所示。

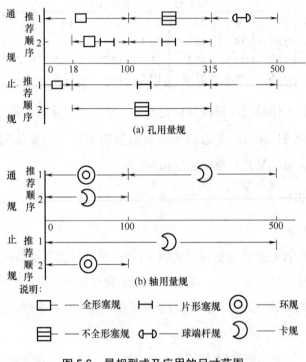

图 5.6　量规型式及应用的尺寸范围

(3) 画出量规公差带图，计算量规的工作尺寸或极限偏差。

3) 量规的技术要求

量规的测量部位材料可用淬硬钢(如合金工具钢、碳素工具钢、渗碳钢)或硬度合金等耐磨材料制造，也可在测量面上镀以厚度大于磨损量的镀铬层、氮化层等耐磨材料。其测量面的硬度应为 58～65HRC。

量规测量面的表面粗糙度，取决于被检验工件的公称尺寸、公差等级和粗糙度以及量规的制造工艺水平。量规表面粗糙度值的大小，随上述因素和量规结构型式的变化而异，一般不低于光滑极限量规，国家标准推荐的表面粗糙度数值见表 5.8。

表 5.8 量规测量面的表面粗糙度 *Ra* 值(摘自 GB/T 1957—2006)　　　　　μm

工作量规	工件公称尺寸 /mm		
	≤120	120～315	315～500
IT6 级孔用量规	0.05	0.10	0.20
IT6～IT9 级轴用量规 IT7～IT9 级孔用量规	0.10	0.20	0.40
IT10～IT12 级轴用量规	0.20	0.40	0.80
IT13～IT16 级轴用量规	0.40	0.80	0.80

注: 校对量规测量面的表面粗糙度比被校对的轴用量规测量面粗糙度高一级。

【例 5-2】计算 ϕ25H8/f7 孔和轴用量规的极限偏差。

解: (1) 查表 2.2、表 2.4、表 2.5 得孔与轴的上、下偏差分别为

ϕ25H8 孔：ES = +0.033 mm；EI = 0

ϕ25f7 轴：es = −0.020 mm；ei = −0.041mm

(2) 由表 5.5 查得工作量规的制造公差 *T* 和位置要素 *Z*，并确定量规的形状公差和校对量规制造公差。

塞规制造公差　　*T* = 0.0034mm；塞规位置要素　　*Z*=0.005mm

塞规形状公差　　*T*/2 = 0.0017mm

卡规制造公差　　*T* = 0.0024mm；卡规位置要素　　*Z*=0.0034mm

卡规形状公差　　*T*/2 = 0.0012mm

校对量规制造公差　　T_p = *T*/2 = 0.0012mm

(3) 工作量规公差带图如图 5.7 所示，量规工作尺寸的标注见图 5.8。

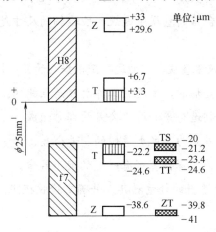

图 5.7 量规公差带

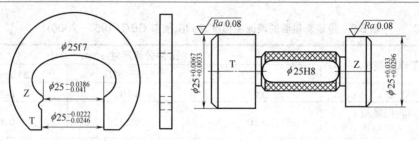

图 5.8 量规的图样标注

5.4 习   题

1. 测量技术的基本任务是什么?

2. 测量误差按性质可分为哪几类?

3. 误收和误废是怎样造成的?

4. 极限量规有何特点? 如何用它判断工件的合格性?

5. 判断题(正确的打√,错误的打×)。

(1) 为减少测量误差,一般不采用间接测量。   (   )

(2) 为提高测量的准确性,应尽量选用高等级量块作为基准进行测量。   (   )

(3) 使用的量块数越多,组合出的尺寸越准确。   (   )

(4) 用多次测量的算术平均值表示测量结果,可以减少示值误差数值。   (   )

(5) 光滑量规通规的基本尺寸等于工件的最大极限尺寸。   (   )

(6) 止规用来控制工件的实际尺寸不超越最大实体尺寸。   (   )

(7) 检验孔的尺寸是否合格的量规是通规,检验轴的尺寸是否合格的量规是止规。

                                                                    (   )

(8) 塞规是检验孔用的极限量规,它的通规是根据孔的最小极限尺寸设计的。 (   )

(9) 塞规的工作面应是全形的,卡规的工作面应是点状的。   (   )

(10) 通规和止规公差由制造公差和磨损公差两部分组成。   (   )

(11) 给出量规的磨损公差是为了增加量规的制造公差,使量规容易加工。   (   )

(12) 规定位置要素 Z 是为了保证塞规有一定的使用寿命。   (   )

6. 测量如下工件,选择适当的计量器具,并确定验收极限。

(1) ϕ60H10

(2) ϕ30f7

(3) ϕ60F8

7. 量规分几类? 各有何用途? 孔用工作量规为何没有校对量规?

8. 计算检验 50H7/f7 的工作量规的工作尺寸,并画出公差带图。

第 6 章 滚动轴承的互换性

本章的学习目的是掌握滚动轴承的公差与配合标准，为合理选择滚动轴承的配合打下基础。本章的学习内容主要为：滚动轴承的精度等级及轴承内、外圈的配合尺寸公差带的分布特点；滚动轴承的选用及其在零件设计时的标注。

6.1 概   述

滚动轴承是广泛应用的一种标准部件，一般由内圈、外圈、滚动体(钢球或滚珠)和保持架(又称保持器或隔离圈)所组成，内圈与轴颈装配，外圈与孔座装配，如图 6.1 所示。滚动轴承是具有两种互换性的标准零件，滚动轴承内圈与轴颈的配合、外圈与孔座的配合为外互换，滚动体与轴承内、外圈的配合为内互换。

滚动轴承的类型很多，按滚动体形状可分为球、滚子及滚针轴承；按其可承受负荷的方向可分为向心、向心推力和推力轴承。

滚动轴承的工作性能和寿命取决于滚动轴承本身的制造精度、滚动轴承与轴和轴承座孔的配合性质，以及轴和轴承座孔的尺寸精度、几何公差和表面粗糙度等因素。设计时应根据以上因素合理选用。

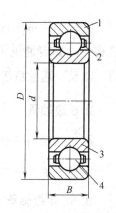

图 6.1 滚动轴承

1—外圈；2—保持架；3—内圈；4—滚动体；

国家标准《滚动轴承 通用技术规则》(GB/T 307.3—2005)规定向心轴承(圆锥滚子轴承除外)精度分为 0、6、5、4、2 五级，其中 0 级最低，依次升高；圆锥滚子轴承精度分为 0、6X、5、4、2 五级；推力轴承分为 0、6、5、4 四级。

6.2 滚动轴承精度等级及应用

6.2.1 滚动轴承的精度

滚动轴承精度是根据其外形尺寸精度和旋转精度划分的。

滚动轴承的外形尺寸精度是指轴承外径 D、内径 d、宽度 B 的尺寸公差。滚动轴承的旋转精度是指轴承内外圈的径向跳动、端面对滚道的跳动和端面对内孔的跳动。

滚动轴承安装在机器上，其内圈与轴颈配合，外圈与外壳孔配合，它们的配合性质应保证轴承的工作性能，因此，必须满足旋转精度、滚动体与套圈之间有合适的径向游隙和轴向游隙两项要求。径向游隙和轴向游隙过大，就会引起轴承较大的振动和噪声，引起转轴较大的径向跳动和轴向窜动。游隙过小则会因为轴承与轴颈、外壳孔的过盈配合使轴承滚动体与套圈产生较大的接触应力，并增加轴承摩擦发热，以致降低轴承寿命。

6.2.2　滚动轴承各精度应用情况

各级精度的滚动轴承应用情况如下。

1. 0 级轴承

0 级轴承常称为普通轴承，通常用在中等负荷、中等转速、旋转精度要求不高的一般机构中。如普通机床中的变速机构、进给机构；汽车和拖拉机中的变速机构；普通电动机、水泵、压缩机等旋转机构中所用的轴承。这级轴承在机械制造行业中应用数量较多。

2. 6 级轴承

6 级轴承用于旋转精度和转速较高的机构中，例如普通机床的主轴轴承(一般为主轴后轴承，前轴承多采用 5 级)、精密机床传动轴使用的轴承。

3. 5、4 级轴承

5、4 级轴承用于旋转精度高和转速高的旋转机构中，如精密机床的主轴轴承、精密仪器和机械使用的轴承。

4. 2 级轴承

2 级轴承用于旋转精度和转速很高的旋转机构中，如精密坐标镗床的主轴轴承、高精度仪器和高转速机构中使用的轴承。

选择轴承精度等级的依据主要是对轴承部件提出的旋转精度要求和转速的高低。并且只有当使用 0 级轴承不能保证对机构要求的旋转精度时，方可选择较高精度的轴承。

机床主轴轴承等级可参照表 6.1 选用。

表 6.1　机床主轴轴承精度等级

轴承类型	精度等级	应用情况
200 300	4、2	高精度磨床、丝锥磨床、螺纹磨床、磨齿机、插齿刀磨床(B 级)

轴承类型	精度等级	应用情况
36000	5	精密镗床、内圆磨床、齿轮加工机床
46000	6	卧式车床、铣床
3182100	4	精密丝杠车床、高精度车床、高精度外圆磨床
	5	精密车床、精密铣床、外圆磨床、转塔车床、多轴车床、镗床
	6	卧式车床、自动车床、铣床、立式车床
2000 3000	6	精密车床及铣床的后轴承
7000	2、4	坐标镗床(B 级)、磨齿机(C 级)
	5	精密车床、精密铣床、镗床、精密转塔车床、滚齿机
	6	铣床、车床
8000	6	一般精度机床

6.3　滚动轴承内、外径的公差带

滚动轴承是标准件，外圈与轴承座孔的配合采用基轴制，内圈与轴颈的配合采用基孔制。

6.3.1　滚动轴承的公差

多数情况下，轴承内圈与轴一起旋转，要求配合具有一定的过盈，但由于内圈是薄壁零件，过盈量不能太大。轴承外圈安装在外壳孔中，通常不旋转。轴承工作时温度升高，因此，轴承外径与轴承座孔的配合可稍微松一点，使之能补偿轴的热胀伸长。轴承的内外圈都是薄壁零件，在制造和自由状态下都易变形，在装配后又得到校正。根据这些特点，滚动轴承公差国标不仅规定了两种尺寸公差，还规定了两种形状公差。

- 两种尺寸公差是：①轴承单一内径(d_s)与外径(D_s)的偏差(Δd_s、ΔD_s)；②轴承单一平面平均内径(d_{mp})与外径(D_{mp})的偏差(Δd_{mp}、ΔD_{mp})。

- 两种形状公差是：①轴承单一径向平面内，内径(d_s)与外径(D_s)的变动量(V_{dp}、V_{Dp})；②轴承平均内径与外径的变动量(V_{dmp}、V_{Dmp})。

向心轴承内、外径的尺寸公差和形状公差以及轴承的旋转精度公差，分别见表 6.2 和表 6.3。从 0 级至 2 级精度的平均直径公差相当于 IT7～IT3 级的公差。

表6.2 向心轴承内圈公差(摘自《滚动轴承 向心轴承 公差》GB/T307.1—2005)

μm

d/mm	精度等级	Δd_{mp} 上偏差	Δd_{mp} 下偏差	Δd_s④ 上偏差	Δd_s④ 下偏差	V_{dp}① 直径系列 9	V_{dp}① 直径系列 0、1 最大	V_{dp}① 直径系列 2、3、4 最大	V_{dmp} 最大	K_{ia} 最大	S_d② 最大	S_{ia}② 最大	ΔB_s 全部 上偏差	ΔB_s 正常 下偏差	ΔB_s 修正③ 下偏差	V_{Bs} 最大
18～30	0	0	-10	—	—	13	10	8	8	13	—	—	0	-120	-250	20
	6	0	-8	—	—	10	8	6	6	8	—	—	0	-120	-250	20
	5	0	-6	—	—	6	5	5	3	4	8	8	0	-120	-250	5
	4	0	-5	0	-5	5	4	4	2.5	3	4	4	0	-120	-250	2.5
	2	0	-2.5	0	-2.5	—	2.5	2.5	1.5	2.5	1.5	2.5	0	-120	-250	1.5
30～50	0	0	-12	—	—	15	12	9	9	15	—	—	0	-120	-250	20
	6	0	-10	—	—	13	10	8	8	10	—	—	0	-120	-250	20
	5	0	-8	—	—	8	6	6	4	5	8	8	0	-120	-250	5
	4	0	-6	0	-6	6	5	5	3	4	4	4	0	-120	-250	3
	2	0	-2.5	0	-2.5	—	2.5	2.5	1.5	2.5	1.5	2.5	0	-120	-250	1.5

注:① 直径系列7、8无规定值。
② 系指用于成对或成组安装时单个轴承的内圈宽度公差。
③ 仅适用于沟型球轴承。
④ 仅适用于直径系列0、1、2、3及4。

表 6.3　向心轴承外圈公差(摘自《滚动轴承　向心轴承　公差》GB/T 307.1—2005)

μm

D/mm	精度等级	ΔD_{mp} 上偏差	ΔD_{mp} 下偏差	ΔD_s① 上偏差	ΔD_s① 下偏差	V_{Dp}③ 开型 9	V_{Dp}③ 开型 0,1	V_{Dp}③ 开型 2,3,4	V_{Dp}③ 闭型 2,3,4	V_{Dp}③ 闭型 0,1	V_{Dmp}② 最大	K_{ea}③ 最大	S_D③ 最大	S_{ea}③ 最大	ΔC_s③ 上、下偏差	V_{Cs}③ 最大
>50~80	0	0	-13	—	—	16	13	10	20	—	10	25	—	—	与同一轴承内圈的 ΔB_s 相同	与同一轴承内圈的 V_{Bs} 同
	6	0	-11	—	—	14	11	8	16	16	8	13	—	—		6
	5	0	-9	0	-9	9	7	7	—	—	5	8	8	10		3
	4	0	-7	0	-7	7	5	5	—	4	3.5	5	4	5		1.5
	2	0	-4	0	-4	4	4	4	4	—	2.5	4	1.5	4		1.5
>80~120	0	0	-15	—	—	19	16	11	26	—	11	35	—	—		与同一轴承内圈的 V_{Bs} 同
	6	0	-13	—	—	16	13	10	20	20	10	18	—	—		8
	5	0	-10	0	-10	10	8	8	—	—	5	10	9	11		4
	4	0	-8	0	-8	8	6	6	—	—	4	6	5	6		2.5
	2	0	-5	0	-5	5	5	5	5	5	2.5	5	2.5	5		2.5

注:① 仅适用于轴承直径系列 0、1、2、3 及 4。

② 对 0、6 级轴承,用于内、外止动环安装前或环卸卸后,直径系列 7 和 8 无规定。

③ 仅适用于沟型球型轴承。

④ 表中"—"表示均未规定公差值。

【例6-1】有一4级精度的向心球轴承，其公称内径 d = 40mm，如果测得单一内径尺寸 d_{smax1} = 40mm，d_{smin1} = 39.998mm，d_{smax2} = 39.997mm，d_{smin2} = 39.995mm，问该轴承是否合格？

解：从表6.2中查得内径的极限尺寸及形状公差

$$d_{smax} = 40mm, \quad d_{smin} = 40-0.006 = 39.994(mm)$$

$$d_{mpmax} = 40mm, \quad d_{mpmin} = 40-0.006 = 39.994(mm)$$

$$V_{dp} = 0.005mm, \quad V_{dmp} = 0.003(mm),$$

计算 $\qquad d_{mp1} = (40+39.998)/2 = 39.999(mm)$

$$d_{mp2} = (39.997+39.995)/2 = 39.996(mm)$$

$$V_{dp1} = 40-39.998 = 0.002(mm)$$

$$V_{dp2} = 39.997-39.995 = 0.002(mm)$$

$$V_{dmp} = d_{mp1}-d_{mp2} = 39.999-39.996 = 0.003(mm)$$

计算结果满足极限尺寸及形状公差要求，故该轴承合格。

凡是合格的滚动轴承，应同时满足所规定的两种公差的要求。

表6.2和表6.3中，K_{ia}、K_{ea} 为成套轴承内、外圈的径向圆跳动允许值；S_{ia}、S_{ea} 为成套轴承内、外圈轴向跳动的允许值；S_d 为内圈端面对内孔的垂直度允许值，S_D 为外圈外表面对端面的垂直度的允许值；V_{Bs} 为内圈宽度变动的允许值；ΔB_s 为内圈单一宽度偏差允许值；ΔC_s 为外圈单一宽度偏差；V_{Cs} 为外圈宽度变动的允许值。

对于同一内径的轴承，由于不同的使用场合所需承受的载荷大小和寿命极不相同，必须使用不同大小的滚动体，因而使轴承的外径和宽度也随着改变，这种内径相同，外径不同的变化叫作直径系列。

6.3.2 滚动轴承公差带的特点

根据滚动轴承国家标准规定，0、6、5、4、2 各级轴承的单一平面平均内径(d_{mp})的公差带、单一平面平均外径(D_{mp})的公差带均采用单向制，即公差带都分布在零线下侧，上极限偏差为零，下极限偏差为负值，如图 6.2 所示。这样分布主要是考虑在多数情况下，轴承的内圈随轴一起转动时，为了防止它们之间发生相对运动导致结合面磨损，则两者的配合应有一定的过盈，但由于内圈是薄壁件，且一定时间后又必须拆卸，因此过盈量不宜过大。滚动轴承国家标准所规定的单向制正适合这一特殊要求。

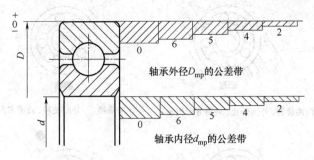

图 6.2 轴承内、外径公差带图

6.4 滚动轴承配合及选择

6.4.1 滚动轴承配合选择的基本原则

正确选择轴承配合，对保证机器正常运转，提高轴承寿命，充分发挥轴承的承载能力关系很大。选择轴承配合时，应综合地考虑轴承的工作条件、作用在轴承上负荷的大小、方向和性质、工作温度、轴承类型和尺寸、旋转精度和速度等一系列因素。

1. 运转条件

轴承转动时，根据作用于轴承上合成径向负荷相对套圈的旋转情况来选择配合。套圈相对于载荷方向旋转或摆动时，应选择过盈配合；套圈相对于载荷方向固定时，可选择间隙配合；载荷方向难以确定时，宜选择过盈配合。套圈运转情况可分为以下几种情况。

(1) 内圈旋转、外圈静止、载荷方向恒定。此时内圈承受旋转载荷，外圈承受静止载荷。推荐的配合为：内圈过盈配合，外圈间隙配合。例如皮带驱动轮轴承，如图 6.3(a) 所示。

(2) 内圈静止、外圈旋转、载荷方向恒定。此时内圈承受静止载荷，外圈承受旋转载荷。推荐的配合为：内圈间隙配合，外圈过盈配合。例如汽车轮毂轴承，如图 6.3(b) 所示。

(3) 内圈旋转、外圈静止、载荷随内圈旋转。此时内圈承受静止载荷，外圈承受旋转载荷。推荐的配合为：内圈间隙配合，外圈过盈配合。例如离心机轴承，如图 6.3(c) 所示。

(4) 内圈静止、外圈旋转、载荷随外圈旋转。此时内圈承受旋转载荷，外圈承受静止载荷。推荐的配合为：内圈过盈配合，外圈间隙配合。例如回转式破碎机的轴承，如图 6.3(d)所示。

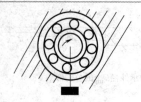

(a) 内圈旋转、外圈静止、载荷方向恒定　　(b) 内圈静止、外圈旋转、载荷方向恒定

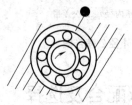

(c) 内圈旋转、外圈静止、载荷随内圈旋转　(d) 内圈静止、外圈旋转、载荷随外圈旋转

图 6.3　轴承套圈运转条件

2. 负荷的大小

滚动轴承套圈与轴或轴承座孔配合的最小过盈，取决于负荷的大小。对向心轴承，载荷的大小用径向当量动载荷 P_r 与径向额定动载荷 C_r 的比值区分，见表 6.4。

表 6.4　向心轴承载荷大小

载荷大小	轻载荷	正常载荷	重载荷
P_r/C_r	≤0.06	>0.06～0.12	>0.12

一般载荷越大，选择的配合过盈量应越大。但承受冲击载荷或重载荷时，一般应选择比正常、轻载荷时更紧的配合。

3. 工作温度的影响

轴承工作时，由于摩擦发热和其他热源的影响，套圈的温度会高于相配合零件的温度。内圈的热膨胀会引起它与轴颈配合的松动，而外圈的热膨胀则会引起它与外壳孔配合变紧。因此轴承工作温度一般应低于 100℃，在高于此温度时，工作的轴承应将所选用的配合适当修正。

4. 轴承尺寸大小

滚动轴承的尺寸越大，选取的过盈配合的过盈量应越大，或间隙配合的间隙量应越大。

5. 旋转精度和速度的影响

对于负荷较大且有较高旋转精度要求的轴承，为了消除弹性变形和振动的影响，应避免采用间隙配合。对精密机床的轻负荷轴承，为避免孔与轴的形状误差对轴承精度影响，常采用较小的间隙配合。例如内圆磨床磨头处的轴承，其内圈间隙 1～4 μm，外圈间隙 4～10 μm。对于旋转速度较高，又在冲击振动负荷下工作的轴承，它与轴颈和外壳孔的配合最好选用过盈配合。

在提高轴承公差等级的同时，轴承配合部位也应提高精度。

6. 其他因素的影响

空心轴颈比实心轴颈、薄壁壳体比厚壁壳体、轻合金壳体比钢或铸铁壳体采用的配合要紧些；而剖分式壳体比整体式壳体采用的配合要松些，以免过盈将轴承外圈夹扁，甚至将轴卡住。对紧于 k7(包括 k7)的配合或轴承座孔的标准公差小于 IT6 级时，应选用整体式壳体。

为了便于安装、拆卸，特别对于重型机械，宜采用较松的配合。如果要求拆卸，而又要用较紧配合时，采用分离型轴承或内圈带锥孔和紧定套或退卸套的轴承。

当要求轴承的内圈或外圈能沿轴向游动时，该内圈与轴或外圈与轴承座孔的配合，应选较松的配合。

由于过盈配合使轴承径向游隙减小，如轴承的两个套圈之一须采用过盈特大的过盈配合的，应选择具有大于基本组的径向游隙的轴承。

6.4.2　滚动轴承的公差带

国家标准《滚动轴承　配合》(GB/T 275—2015)，规定了与轴承内、外圈相配合的轴和轴承座孔的尺寸公差带、几何公差以及配合选择的基本原则和要求。

由于滚动轴承属于标准零件，所以轴承内圈与轴颈的配合属基孔制的配合，轴承外圈与轴承座孔的配合属基轴制的配合。轴颈和轴承座孔的公差带均在光滑圆柱体的国标中选择，它们分别与轴承内、外圈结合，可以得到松紧程度不同的各种配合。需要指出，轴承内圈与轴颈的配合属基孔制，但轴承公差带均采用上偏差为零、下偏差为负的单向制分布，故轴承内圈与轴颈得到的配合比相应光滑圆柱体按基孔制形成的配合紧一些。

1. 向心轴承的配合

与向心轴承配合的轴公差带按表 6.5 选择，与向心轴承配合的轴承座孔按表 6.6 选择。

表 6.5　向心轴承和外壳的配合　孔公差带代号(摘自国标《滚动轴承　配合》(GB/T 275—2015))

运转状态		负荷状态	其他状况	公差带[①]	
说　明	举　例			球轴承	滚子轴承
外圈承受固定负荷	一般机械、铁路机车车辆轴箱、电动机、泵、曲轴主轴承	轻、正常、重	轴向易移动，可采用剖分式外壳	H7、G7[②]	
		冲击	轴向能移动，可采用整体或剖分式外壳	J7、JS7	
方向不定载荷		轻、正常		J7、JS7	
		正常、重		K7	
		冲击		M7	
外圈承受旋转负荷	张紧滑轮轮毂轴承	轻	轴向不移动，采用整体式外壳	J7	K7
		正常		K7、M7	M7、N7
		重		—	N7、P7

注：① 并列公差带随尺寸的增大从左至右选择，对旋转精度有较高要求时，可相应提高一个公差等级。
　　② 不适用于剖分式外壳。

表 6.6　向心轴承和轴的配合　轴公差带代号(摘自国标《滚动轴承　配合》(GB/T 275—2015))

圆柱孔轴承					
运转状态		负荷状态	深沟球轴承、调心轴承和角接触球轴承	圆柱滚子轴承和圆锥滚子轴承	调心滚子轴承	公差带
说　明	举　例		轴承公称内径/mm			
内圈承受旋转载荷或方向不定载荷	输送机、轻载齿轮箱	轻负荷	≤18	—	—	h5、
			>18～100	≤40	≤40	j6[①]
			>100～200	>40～140	>40～100	k6[①]
			—	>140～200	>100～200	m6[①]
	一般通用机械、电动机、泵、内燃机、正齿轮传动装置	正常负荷	≤18	—	—	j5、js5
			>18～100	≤40	≤40	k5[②]、
			>100～140	>40～100	>40～65	m5[②]
			>110～200	>100～140	>65～100	m6
			>200～280	>140～200	>100～140	n6
			—	>200～400	>140～280	p6
			—	—	>280～500	r6
	铁路机车车辆轴箱、破碎机等	重负荷		>50～140	>50～100	n6
				>140～200	>100～140	p6[④]
				>200	>140～200	r6
					>200	r7
内圈承受固定载荷	非旋转轴上的各种轮子	所有负荷	所有尺寸			f6
						g6
	张紧轮、绳轮					h6
						j6

圆柱孔轴承					
运转状态	负荷状态	深沟球轴承、调心轴承和角接触球轴承	圆柱滚子轴承和圆锥滚子轴承	调心滚子轴承	公差带
仅有轴向负荷		所有尺寸			j6、js6
圆锥孔轴承					
所有负荷	铁路机车车辆轴箱	装在退卸套上的	所有尺寸		h8(IT6)③⑤
	一般机械传动	装在紧定套上的	所有尺寸		h9(IT7)③⑤

注：① 凡对精度有较高要求的场合，应用 j5、k5、m5 代替 j6、k6、m6。

② 圆锥滚子轴承、角接触球轴承配合对游隙影响不大，可用 k6、m6 代替 k5、m5。

③ 凡有较高精度或转速要求的场合，应选用 h7(1T5)代替 h8(1T6)等。

④ 重负荷下轴承游隙应选大于 N 组。

⑤ IT6、IT7 表示圆柱度公差数值。

2. 推力轴承的配合

与推力轴承配合的轴和轴承座孔分别按表 6.7、表 6.8 选择。

表 6.7 推力轴承和轴的配合 轴公差带代号(摘自国标《滚动轴承 配合》(GB/T 275—2015))

运转状态	负荷状态	轴承类型	轴承公称内径/mm	公差带
仅有轴向负荷		推力球和推力圆柱滚子轴承	所有尺寸	j6、js6
轴圈承受固定载荷	径向和轴向联合负荷	推力调心滚子轴承推力角接触球轴承推力圆锥滚子轴承	≤250	j6
			>250	js6
轴圈承受旋转载荷或方向不定载荷			≤200	k6①
			>200~400	m6
			>400	n6

注：① 要求较小过盈时，可分别用 j6、k6、m6 代替 k6、m6、n6。

表 6.8 推力轴承和外壳的配合 孔公差带代号(摘自国标《滚动轴承 配合》(GB/T 275—2015))

运转状态	负荷状态	轴承类型	公差带	备 注
仅有轴向负荷		推力球轴承	H8	
		推力圆柱、圆锥滚子轴承	H7	
		推力调心滚子轴承	—	轴承座孔与座圈间间隙为 0.001D(D 为轴承公称外径)
座圈承受固定载荷	径向和轴向联合负荷	推力角接触球轴承、推力调心滚子轴承、推力圆锥滚子轴承	H7	
座圈承受旋转载荷或方向不定载荷			K7	一般工作条件
			M7	有较大径向负荷时

3. 轴承配合的常用公差带

以 0 级公差滚动轴承为例，与轴、外壳配合的常用公差带如图 6.4、图 6.5 所示。

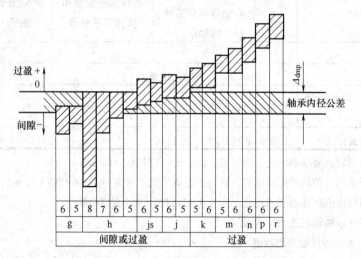

图 6.4　0 级公差轴承与轴配合的常用公差带关系图

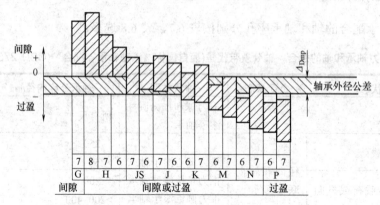

图 6.5　0 级公差轴承与外壳配合的常用公差带关系图

上述公差带只适用于对轴承的旋转精度和运转平稳性无特殊要求，轴为实心或厚壁钢制轴，外壳为铸钢或铸铁制件，轴承的工作温度不超过 100℃ 的使用场合。

6.4.3　滚动轴承配合表面的其他技术要求

为了保证轴承的工作质量和使用要求，还必须对与轴承相配的轴和轴承座孔的配合表面提出几何公差及表面粗糙度要求。

1. 形状公差

轴承的内、外圈是薄壁件，易变形，尤其是超轻、特轻系列的轴承，但其形状误差在装配后靠轴颈和外壳孔的正确形状可以得到矫正。为了保证轴承安装正确、转动平稳，通常对轴颈和外壳孔的表面提出圆柱度要求。

2. 位置公差

为了保证轴承工作时有较高的旋转精度，应限制与套圈端面接触的轴肩及外壳孔肩的倾斜，特别是在高速旋转的场合，从而避免轴承装配后滚道位置不正，旋转不稳，因此规定了轴肩和外壳孔肩的端面跳动公差。

3. 表面粗糙度

表面粗糙度直接影响产品的使用性能，尤其在高速、高温、高压条件下工作的轴承部件。合理提出表面粗糙度要求，是稳定配合性质、提高过盈配合的联结强度，提高主机和轴承的运转性能和使用寿命的关键。

滚动轴承国家标准推荐的要求如表 6.9 和表 6.10 所示。

表 6.9　配合表面及端面的粗糙度 Ra(摘自国标《滚动轴承　配合》(GB/T 275—2015))　　μm

轴或轴承座孔		轴或轴承座孔配合表面直径公差等级					
直径/mm		IT7		IT6		IT5	
>	≤	磨	车	磨	车	磨	车
—	80	1.6	3.2	0.8	1.6	0.4	0.8
80	500	1.6	3.2	1.6	3.2	0.8	1.6
500	12 500	3.2	6.3	1.6	3.2	1.6	3.2
端面		3.2	6.3	6.3	6.3	6.3	3.2

表 6.10　轴和轴承座孔的几何公差(摘自国标《滚动轴承　配合》(GB/T 275—2015))

公称		圆柱度 t/μm				轴向圆跳动 t_1/μm			
尺寸		轴　颈		轴承座孔		轴　肩		轴承座孔肩	
/mm		轴承公差等级							
>	到	0	6(6X)	0	6(6X)	0	6(6X)	0	6(6X)
—	6	2.5	1.5	4	2.5	5	3	8	5
6	10	2.5	1.5	4	2.5	6	4	10	6
10	18	3	2	5	3	8	5	12	8
18	30	4	2.5	6	4	10	6	15	10
30	50	4	2.5	7	4	12	8	20	12
50	80	5	3	8	5	15	10	25	15
80	120	6	4	10	6	15	10	25	15
120	180	8	5	12	8	20	12	30	20

将选择好的各项公差要求标注在图样上。在装配图中对轴承外圈与轴承座孔的配合只标注轴承座孔的公差带代号；对轴承内圈与轴的配合只标注轴的公差带代号，如图 6.6 所示。

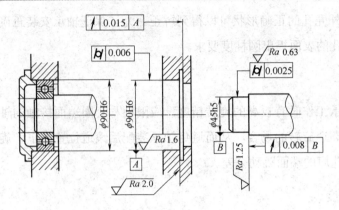

图6.6 轴承、轴颈和外壳孔的公差标注

6.5 习　　题

1. 滚动轴承的精度共有几级？代号是什么？

2. 滚动轴承内圈与轴颈、外圈与外壳孔的配合，分别采用何种基准制？有什么特点？

3. 滚动轴承的内径公差带分布有何特点？为什么？

4. 滚动轴承承受负荷的类型与选择配合有何关系？

5. 判断题(正确的打√，错误的打×)

(1) 滚动轴承内圈与轴的配合，采用基孔制。　　　　　　　　　　　　　(　　)

(2) 滚动轴承内圈与轴的配合，采用间隙配合。　　　　　　　　　　　　(　　)

(3) 滚动轴承配合，在图样上只需标注轴颈和外壳孔的公差带代号。　　　(　　)

(4) 0级轴承应用于转速较高和旋转精度也要求较高的机械中。　　　　　(　　)

(5) 滚动轴承国家标准将内圈内径的公差带规定在零线的下方。　　　　　(　　)

(6) 滚动轴承内圈与基本偏差为g的轴形成间隙配合。　　　　　　　　　(　　)

6. 有一E208的轻系列滚动轴承(6级精度，公称内径为40 mm，公称外径为90 mm)，测得内、外圈的单一内径尺寸为：$d_{smax1} = 40$ mm，$d_{smax2} = 40.003$ mm，$d_{smin1} = 39.992$ mm，$d_{smin2} = 39.997$ mm；单一外径尺寸为：$D_{smax1} = 90$ mm，$D_{smax2} = 89.987$ mm，$D_{smin1} = 89.996$ mm；$D_{smin2} = 89.985$ mm。试确定该轴承内、外圈是否合格。

7. 如图6.7所示，有一0级207滚动轴承(内径为35 mm，外径为72 mm，额定动负荷C为19700 N)，应用于闭式传动的减速器中。其工作情况为：外壳固定，轴旋转，转速为980 r/min，承受的定向径向载荷为1300 N。

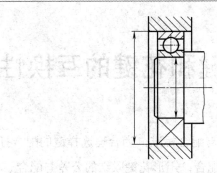

图 6.7 习题 7 图

试确定：

(1) 轴颈和外壳孔的公差带，并将公差带代号标注在装配图上(ϕ35j6，ϕ72H7)。

(2) 轴颈和外壳孔的尺寸极限偏差以及它们和滚动轴承配合的有关表面的几何公差、表面粗糙度参数值，并将它们标注在零件图上。

第7章 键和花键的互换性

本章的学习目的是掌握键的公差与配合标准，为合理选择键的配合打下基础。本章的学习内容主要为：单键联结的公差与配合；矩形花键联结的公差与配合。

7.1 概　　述

键联结在机械工程中应用广泛，通常用于轴与轴上零件(如齿轮、带轮、联轴器等)之间的联结，用以传递扭矩和运动。必要时配合件之间还可以有轴向相对运动，如变速箱中的齿轮可以沿花键轴移动以达到变换速度的目的。

键联结的种类很多，可分为单键联结和花键联结两大类。

1. 单键联结

采用单键联结时，在孔和轴上均铣出键槽，再通过单键联结在一起。单键按其结构形状不同分为四种：①平键，包括普通平键、导向平键和滑键；②半圆键；③楔键，包括普通楔键和钩头楔键；④切向键。

四种单键联结中，以普通平键和半圆键应用最为广泛，键的联结形式见图7.1。

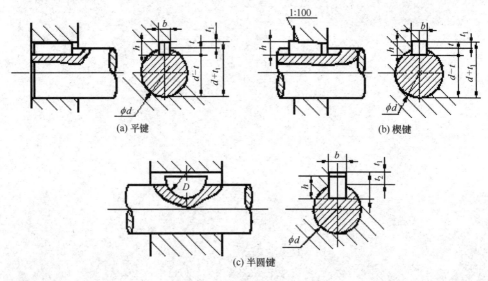

(a) 平键　　(b) 楔键　　(c) 半圆键

图 7.1 单键的联结形式

2. 花键联结

花键联结按其键齿形状分为矩形花键、渐开线花键和三角形花键三种，其结构如图 7.2 所示。

与单键联结相比，花键联结有如下优点。

(1) 键与轴或孔为一整体，强度高，负荷分布均匀，可传递较大的扭矩。

(2) 联结可靠，导向精度高，定心性好，易达到较高的同轴度要求。

但是，由于花键的加工制造比单键复杂，故其成本较高。

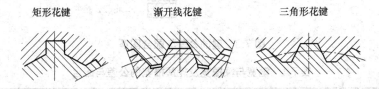

矩形花键　　　　渐开线花键　　　　三角形花键

图 7.2　花键联结形式

7.2　单键联结的公差与配合

由于单键联结中普通平键和半圆键应用最广，故这里仅介绍平键和半圆键的公差与配合。

7.2.1　尺寸的公差与配合

键联结中是通过键的侧面与键槽的侧面相互接触来传递扭矩的。

1. 键配合尺寸

键的宽度 b 是主要配合尺寸。键为标准件，因此键与键槽宽 b 采用基轴制的配合，其公差与配合图解如图 7.3 所示。各种配合性质及应用见表 7.1，表中公差带的值从表 7.2 中选取。

2. 键非配合尺寸

非配合尺寸公差规定如下：

t——轴槽深；

t_1——轮毂槽深；

L_1——轴槽长，偏差为 H14；

L——键长，偏差为 h14；

h——键高，偏差为 h11；

d_1——半圆键直径，偏差为h12。

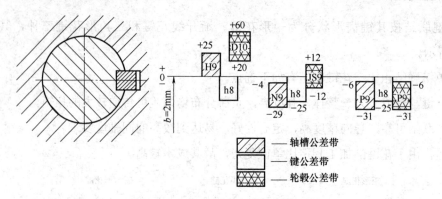

图 7.3　键的公差与配合图解

表 7.1　键宽与轴槽宽及轮毂槽宽的公差与配合

键的类型	配合种类	尺寸 b 的公差			配合性质及应用
		键	轴槽	毂槽	
平键	较松联结	h8	H9	D10	键在轴上及轮毂中均能滑动。主要用于导向平键上，轮毂需在轴上做轴向移动
	一般联结		N9	JS9	键在轴上及轮毂中固定。用于传递载荷不大的场合，一般机械制造中应用广泛
	较紧联结		P9	P9	键在轴上及轮毂中固定，且较一般联结更紧。主要用于传递重载、冲击载荷及双向传递扭矩的场合
半圆键	一般联结		N9	JS9	定位及传递扭矩
	较紧联结		P9		

　　表 7.2、表 7.3 分别为平键键槽和平键的尺寸及公差。表 7.4、表 7.5 分别为半圆键键槽和半圆键的尺寸与公差。

表 7.2　普通平键键槽的尺寸和公差(摘自《平键　键槽的剖面尺寸》(GB/T 1095—2003))　　mm

轴	键	键 槽										
		宽度 b					深度				半径 r	
		偏差					轴 t		毂 t_1			
基本尺寸 b	键尺寸 b×h	较松键联结		一般键联结		较紧键联结						
		轴 H9	毂 D10	轴 N9	毂 JS9	轴和毂 P9	公称	偏差	公称	偏差	最小	最大
8	8×7	+0.036	+0.098	0	±0.018	−0.015	4.0	+0.2	3.3	+0.2	0.16	0.25
10	10×8	0	+0.040	−0.036		−0.051	5.0	0	3.3	0	0.25	0.40

轴	键	键槽										
		宽度 b					深度				半径 r	
		偏差					轴 t		毂 t1			
基本尺寸 d	键尺寸 b×h	较松键联结		一般键联结		较紧键联结	公称	偏差	公称	偏差	最小	最大
		轴 H9	毂 D10	轴 N9	毂 JS9	轴和毂 P9						
12	12×8						5.0		3.3			
14	14×8	+0.043 0	+0.012 +0.050	0 −0.043	±0.0215	−0.018 −0.061	5.5		3.8		0.25	0.40
16	16×10						6.0		4.3			
18	18×11						7.0	+0.2 0	4.4	+0.2 0		
20	20×12						7.5		4.9			
22	22×14	+0.052 0	+0.0149 +0.065	0 −0.052	±0.026	−0.022 −0.074	9.0		5.4		0.40	0.60
25	25×12						9.0		5.4			
28	28×16						10.0		6.4			

注：① $(d-t)$ 和 $(d+t_1)$ 两组合尺寸的偏差，按相应的 t 和 t_1 的偏差选取，但 $(d-t)$ 的偏差值应取负号 $(-)$。
② 导向平键的轴槽与轮毂槽用较松键联结的公差。

表 7.3　普通平键的尺寸与公差 (摘自《普通型平键》(GB/T 1096—2003))　　mm

宽度 b		基本尺寸	4	5	6	8	10	12	14	16	18	20	22	25	28
		偏差 h8	0 −0.018			0 −0.022		0 −0.027				0 −0.033			
高度 h		基本尺寸	4	5	6	7	8	8	9	10	11	12	14	16	18
	极限偏差	矩形 (h11)	—			0 −0.090					0 −0.110				
		方形 (h8)	0 −0.018			—									

表 7.4　半圆键键槽的尺寸及公差 (摘自《普通键　键槽的剖面尺寸》(GB/T 1098—2003))　　mm

键尺寸 b×h×D	基本尺寸	宽度 b					深度				半径 R	
		极限偏差					轴 t1		毂 t2			
		正常联结		紧密联结	松联结		基本尺寸	极限偏差	基本尺寸	极限偏差	最大	最小
		轴 N9	毂 JS9	轴和毂 P9	轴 H9	毂 D10						
3×5×13 3×4×13	3	−0.004 −0.029	±0.0125	−0.006 −0.031	+0.025 0	+0.060 +0.020	3.8	+0.2 0	1.4	+0.1 0	0.16	0.08
3×6.5×16 3×5.2×16	3						5.3		1.4		0.25	0.16

续表

键尺寸 b×h×D	键槽										
	宽度 b					深 度				半径 R	
	基本尺寸	极限偏差				轴 t_1		毂 t_2			
		正常联结		紧密联结	松联结		基本尺寸	极限偏差	基本尺寸	极限偏差	最大	最小
		轴 N9	毂 JS9	轴和毂 P9	轴 H9	毂 D10	基本尺寸	极限偏差	基本尺寸	极限偏差	最大	最小
4×6.5×16 4×5.2×16	4						5.0		1.8			
4.0×7.5×19 4×6×19	4						6.0	+0.2 0	1.8			
5×6.5×16 5×5.2×19	5						4.5		2.3	+0.1 0		
5×7.5×19 5×6×19	5	0 −0.030	±0.015	−0.012 −0.042	+0.030 0	+0.078 +0.030	5.5		2.3		0.25	0.16
5×9×22 5×7.2×22	5						7.0		2.3			
6×9×22 6×7.2×22	6						6.5	+0.3 0	2.8	+0.2 0		
6×10×25 6×8×25	6						7.5		2.8			

表 7.5　普通型半圆键的尺寸与公差 (摘自《普通型　半圆键》(GB/T 1099.1—2003))　　mm

键尺寸 b×h×D	键宽 b		键高 h		直径 D	
	基本尺寸	偏差 h9	基本尺寸	偏差 h11	基本尺寸	偏差 h12
3×5×13	3		5	0 −0.12	13	
3×6.5×16	3		6.5		16	0 −0.180
4×6.5×16	4		6.5		16	
4×7.5×19	4	0 −0.025	7.5		19	0 −0.210
5×6.5×16	5		6.5	0 −0.15	16	0 −0.180
5×7.5×19	5		7.5		19	
5×9×22	5		9		22	0 −0.210
6×9×22	6		9		22	
6×10×25	6		10		25	

3. 标记

普通 A 型平键的标记：键 b×h×L　　GB/T 1096—2003

普通 B、C 型平键的标记：键 B (C) $b×h×L$　GB/T 1096—2003

普通型半圆键的标记：键 $b×h×D$　GB/T 1099.1—2003

7.2.2　键和键槽的几何公差及表面粗糙度

为了保证键宽和键槽宽之间具有足够的接触面积和避免装配困难，国家标准对键和键槽的几何公差作了如下规定。

(1)　轴键槽对轴的轴线及轮毂键槽对孔的轴线的对称度公差按《形状和位置公差　未注公差值》(GB/T 1184—1996)中对称度公差 7～9 级选取。

(2)　当键长 L 与键宽 b 之比大于或等于 8 时，键的两侧面的平行度应符合 GB/T1184–1996 的规定，当 $b≤6$ mm 时按 7 级；b 在 8～36 mm 之间时按 6 级；$b≥40$ mm 时按 5 级。

同时国家标准还规定轴键槽、轮毂键槽宽 b 的两侧面的表面粗糙度参数 Ra 的最大值为 1.6～3.2 μm，轴键槽底面、轮毂键槽底面的表面粗糙度参数 Ra 的最大值为 6.3 μm。

当几何误差的控制可由工艺保证时，图样上可不给出公差。

7.2.3　单键的检测

键和键槽的尺寸检测比较简单，在单件、小批量生产中，通常采用游标卡尺、千分尺测量。键槽的几何公差，特别是键槽对其轴线的对称度误差，在单件、小批量生产中一般用通用量具来测量，键槽对轴线的对称度误差检验方法如图 7.4 所示。

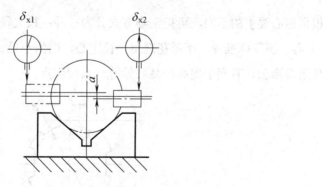

图 7.4　对称度误差的检验

在成批生产中，键槽尺寸及其对轴线的对称度误差可用塞规检验，如图 7.5 所示。

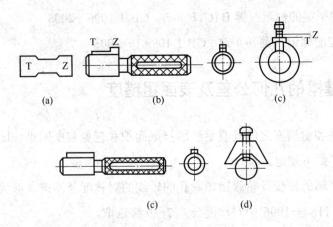

图 7.5　键槽检验用量规

7.3　矩形花键联结的公差与配合

7.3.1　矩形花键的定心方式

花键联结的主要要求是保证内、外花键联结后具有较高的同轴度，并能传递扭矩。矩形花键有大径 D、小径 d 和键宽 B 三个主要尺寸参数，如图 7.6 所示。

若要求 D、d、B 三个尺寸都起定心作用是很困难的，而且也无必要。定心尺寸应按较高的精度制造，以保证定心精度。非定心尺寸则可按较低的精度制造。由于传递扭矩是通过键和键槽侧面进行的，因此，键和键槽不论是否作为定心尺寸，都要求较高的尺寸精度。

根据定心要求的不同，可把定心方式分为三种：按大径 D 定心；按小径 d 定心；按键宽 B 定心。国家标准规定矩形花键用小径定心，因为小径定心有定心精度高、定心稳定性好、使用寿命长、有利于提高产品质量等一系列优点。

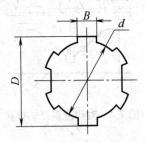

图 7.6　矩形花键主要尺寸

7.3.2　矩形花键的公差与配合

国家标准规定，矩形花键的尺寸公差采用基孔制，目的是减少拉刀的数目。对花键孔规定了拉削后热处理和不热处理两种。标准中规定，花链按装配形式分滑动、紧滑动和固定三种配合。这三种配合的区别在于：前两种在工作过程中，既可传递扭矩，且花键套还可在轴上移动；后者只用来传递扭矩，花键套在轴上无轴向移动。不同的配合性质或装配形式通过改变外花键的小径和键宽的尺寸公差带达到，其公差带见表 7.6。

表 7.6　矩形花键的尺寸公差带(摘自《矩形花键尺寸、公差和检验》(GB/T 1144—2001))

用　途	内花键				外花键			装配形式
	小径 d	大径 D	键宽 B		小径 d	大径 D	键宽 B	
			拉削后不热处理	拉削后热处理				
一般用	H7	H9	H9	H11	f7	d10		滑动
					g7	f9		紧滑动
					h7	h10		固定
精密传动用	H5	H10	H7、H9		f5	d8		滑动
					g5	a11	f7	紧滑动
					h5	h8		固定
	H6				f6	d8		滑动
					g6	f7		紧滑动
					h6	h8		固定

内、外花键除尺寸公差外，还有几何公差要求，包括小径 d 的形状公差和花键的位置度公差等。

(1) 小径 d 的极限尺寸应遵守包容要求。小径 d 是花键联结中的定心配合尺寸，保证花键的配合性能，其定心表面的形状公差和尺寸公差的关系应遵守包容要求。

(2) 花键的位置度公差遵守最大实体要求。花键的位置度公差综合控制花键各键之间的角位置、各键对轴线的对称度误差，以及各键对轴线的平行度误差等。在大批量生产时，采用位置度公差，其图样标注如图 7.7 所示。

国家标准对键和键槽规定的位置度公差见表 7.7。

(3) 键和键槽的对称度公差和等分度公差遵守独立原则。

在单件、小批量生产时没有综合量规，这时，为控制花键几何误差，一般在图样上分别规定花键的对称度公差和等分度公差。花键的对称度公差、等分度公差均遵守独立原则，其对称度公差在图样上标注如图 7.8 所示。国家标准规定，花键的等分度公差等于花键的对称度公差值。表 7.8 为花键的对称度公差。

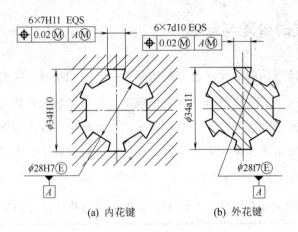

(a) 内花键　　　　　　　(b) 外花键

图 7.7　矩形花键位置度标注

表 7.7　矩形花键位置度公差值(摘自《矩形花键尺寸、公差和检验》(GB/T 1144—2001))　　mm

键槽宽或键宽 B		3	3.5～6	7～10	12～18
		t_1			
键槽宽		0.010	0.015	0.020	0.025
键宽	滑动、固定	0.010	0.015	0.020	0.025
	紧滑动	0.006	0.010	0.013	0.016

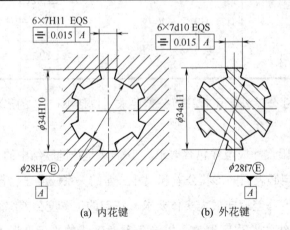

(a) 内花键　　　　　　　(b) 外花键

图 7.8　花键对称度公差标注

表 7.8　矩形花键对称度公差(摘自《矩形花键尺寸、公差和检验》(GB/T 1144—2001))　　mm

键槽宽或键宽	3	3.5～6	7～10	12～18
	t_1			
一般用	0.010	0.012	0.015	0.018
精密传动用	0.006	0.008	0.009	0.011

对较长的花键,可根据产品性能自行规定键侧对轴线的平行度公差。

花键各表面的表面粗糙度如表 7.9 所列。

表 7.9　花键表面粗糙度推荐值　　　　　　　　　　　　　　　　μm

加工表面	内表面	外表面
	Ra 不大于	
小径	1.6	0.9
大径	6.3	3.2
键侧	6.3	1.6

7.3.3　矩形花键的图样标注

花键联结在图样上的标注，按顺序包括以下项目：键数 *N*，小径 *d*，大径 *D*，键宽 *B*，花键公差代号。对 $N = 6$，$d = 23\dfrac{H7}{f7}$，$D = 26\dfrac{H10}{a11}$，$B = 6\dfrac{H11}{d10}$ 的花键标记如下。

花键规格：$N×d×D×B$

花键副：$6×23\dfrac{H7}{f7}×26\dfrac{H10}{a11}×6\dfrac{H11}{d10}$　　　GB/T 1144—2001

内花键：$6×23H7×26H10×6H11$　　　GB/T 1144—2001

外花键：$6×23f7×26a11×6d10$　　　GB/T 1144—2001

7.3.4　花键的检测

花键的检测分为尺寸检测和几何公差检测。一般情况下采用矩形花键综合量规检测，矩形花键综合量规如图 7.9 所示。综合量规的形状与被检测花键相对应，检测花键孔用花键塞规，检验花键轴用花键环规。

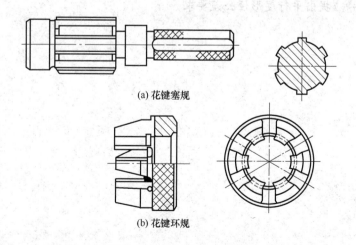

(a) 花键塞规

(b) 花键环规

图 7.9　矩形花键综合量规

在单件、小批量生产时，一般用通用量具分别对各尺寸(d、D 和 B)、大径对小径的同轴度误差及键齿(槽)位置误差进行测量，以保证各尺寸偏差及几何误差在其公差范围内。若对位置误差进行单项测量，可在光学分度头和万能工具显微镜上进行，等分累积误差与齿轮周节累积误差的测量方法相同。

7.4 习　　题

1. 各种键联结的特点是什么？主要应用在哪些场合？

2. 单键与轴槽、轮毂槽的配合分为哪几类？如何选择？

3. 平键联结的配合采用何种基准制？有几种配合类型？一般键联结应采用哪种配合？

4. 矩形内、外花键除规定尺寸公差外，还规定哪些几何公差？

5. 在装配图上有矩形花键联结的标注 $6 \times 23 \dfrac{H7}{f7} \times 26 \dfrac{H10}{a11} \times 6 \dfrac{H11}{d10}$，解释此标注的含义，并确定内外花键的位置度公差或对称度公差及表面粗糙度。

6. 判断题(正确的打 ✓，错误的打 ×)。

(1) 在平键联结中，键宽与键槽宽的配合采用基轴制。　　　　　　　　　　　( )

(2) 矩形花键定心方式，按国家标准只规定大径定心一种方式。　　　　　　　( )

(3) 矩形花键的定心尺寸应按较高精度等级制造，非定心尺寸则可按粗糙精度级制造。　　　　　　　　　　　　　　　　　　　　　　　　　　　　　　　( )

(4) 花键的分度误差，一般用位置度公差来控制。　　　　　　　　　　　　　( )

(5) 对键槽应提出平行度形位公差要求。　　　　　　　　　　　　　　　　　( )

第8章 螺纹结合的互换性

本章的学习目的是了解螺纹互换性的特点及其公差标准的应用。主要学习内容有：普通螺纹的牙型及几何参数；普通螺纹的公差等级、极限偏差、基本偏差及公差带；普通螺纹在图样上的标注；梯形螺纹的公差与配合。

8.1 概　　述

8.1.1 螺纹的种类及使用要求

螺纹在机电产品中的应用十分广泛，它是一种最典型的具有互换性的连接结构。按其结合性质和使用要求可分为如下三类。

1. 紧固螺纹

紧固螺纹主要是用于连接和紧固零部件，如公制普通螺纹等，这是使用最广泛的一种螺纹结合。对这种螺纹，要求螺纹牙侧面接触均匀、精密，以保证连接强度，同时要求具有良好的旋合性，以保证拆换方便。

2. 传动螺纹

传动螺纹主要用于传递精确的位移和传递动力，如机床中的丝杆和螺母、千斤顶的起重螺杆等。对这种螺纹结合的主要要求是传动比恒定，传递动力可靠，并且有一定的保证间隙，以便传动和存储润滑油。

3. 密封螺纹

密封螺纹主要用于对气体和液体的密封。如管螺纹的连接，在管道中不得漏气、漏水或漏油。对这类螺纹结合的主要要求是具有良好的旋合性及密封性。

8.1.2 螺纹的基本牙型和几何参数

普通螺纹的基本牙型如图 8.1 所示。

1. 大径(D 或 d)

大径是与外螺纹牙顶或内螺纹牙底相重合的假想圆柱面的直径。对外螺纹而言，大径为顶径；对内螺纹而言，大径为底径。普通螺纹大径为螺纹的公称直径。

2. 小径(D_1 或 d_1)

小径是与外螺纹的牙底或内螺纹的牙顶相重合的假想圆柱面的直径。

对外螺纹而言，小径在基本牙型上；对内螺纹而言，小径为顶径。

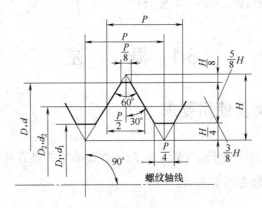

图 8.1　普通螺纹的基本牙型

3. 中径(D_2 或 d_2)

中径是一个假想圆柱的直径，该圆柱的母线通过螺纹牙型上沟槽和凸起宽度相等的地方，此假想圆柱称为中径圆柱。

上述直径的符号中，大写英文字母表示内螺纹，小写英文字母表示外螺纹。在同一结合中，内、外螺纹的大径、小径、中径的公称尺寸对应相同。

4. 螺距(P)

螺距是相邻两牙在中径线上对应两点间的轴向距离。

5. 导程

导程是指同一螺旋线上的相邻两牙在中径线上对应两点间的轴向距离。对单线螺纹，导程与螺距同值；对多线螺纹，导程等于螺距 P 与螺纹线数 n 的乘积，即导程 $L=nP$。

6. 原始三角形高度

原始三角形高度 H 是原始三角形顶点到底边的距离，一般为

$$H = \frac{\sqrt{3}}{2}P$$

(8-1)

7. 牙型高度

牙型高度是指在螺纹牙型上牙顶和牙底之间在垂直于螺纹轴线方向上的距离，形如图 8.1 中的 $5H/8$。

8. 牙型角(α)和牙型半角($\alpha/2$)

牙型角 α 是螺纹牙型上相邻两牙侧间的夹角，牙型半角 $\alpha/2$ 是在螺纹牙型上牙侧与螺纹轴线的垂线间的夹角。公制普通螺纹的牙型角 $\alpha = 60°$，牙型半角 $\alpha/2 = 30°$。

9. 螺纹升角(ψ)

螺纹升角 ψ 是在中径圆柱上螺旋线的切线与垂直于螺纹轴线的平面间的夹角。n 为螺纹线数，螺纹升角 ψ 与螺距 P 和中径 d_2 之间的关系为：

$$\tan\psi = nP / (\pi d_2) \tag{8-2}$$

10. 旋合长度

螺纹的旋合长度是指两个相互配合的螺纹，沿螺纹轴线方向相互旋合部分的长度。

普通螺纹的基本牙型具有基本尺寸，如表 8.1 所示。表中的螺纹中径和小径是按下列公式计算得到的。

$$D_2 = D - 2 \times \frac{3}{8}H = D - 0.6495P \tag{8-3}$$

$$d_2 = d - 2 \times \frac{3}{8}H = d - 0.6495P \tag{8-4}$$

$$D_1 = D - 2 \times \frac{5}{8}H = D - 1.0825P \tag{8-5}$$

$$d_1 = d - 2 \times \frac{5}{8}H = d - 1.0825P \tag{8-6}$$

表 8.1　普通螺纹的基本尺寸(摘自《普通螺纹　基本尺寸》(GB/T 196—2003))　　mm

公称直径 D、d			螺距 P	中径 D_2 或 d_2	小径 D_1 或 d_1	公称直径 D、d			螺距 P	中径 D_2 或 d_2	小径 D_1 或 d_1
第一系列	第二系列	第三系列				第一系列	第二系列	第三系列			
10			1.5*	9.026	8.376	18			2.5*	16.376	15.294
			1.25	9.188	8.647				2	16.701	15.835
			1	9.350	8.917				1.5	17.026	16.376
			0.75	9.513	9.188				1	17.035	16.917

续表

公称直径 D、d			螺距 P	中径 D_2 或 d_2	小径 D_1 或 d_1	公称直径 D、d			螺距 P	中径 D_2 或 d_2	小径 D_1 或 d_1
第一系列	第二系列	第三系列				第一系列	第二系列	第三系列			
		11	1.5*	10.026	9.376	20			2.5*	18.376	17.294
			1	10.350	9.917				2	18.701	17.835
			0.75	10.513	10.188				1.5	19.026	18.376
12			1.75*	10.863	10.106				1	19.350	18.917
			1.5	11.026	10.376		22		2.5*	20.376	19.294
			1.25	11.188	10.647				2	20.701	19.835
			1	11.350	10.917				1.5	21.026	20.376
	14		2*	12.701	11.835				1	21.350	20.917
			1.5	13.026	12.376				3*	22.051	20.752
			1.25	13.188	12.647	24			2	22.701	21.835
			1	13.350	12.917				1.5	23.026	22.376
		15	1.5	14.026	13.376				1	23.350	22.917
			1	14.350	13.917				2	23.701	22.835
16			2*	14.701	13.835			25	1.5	24.026	23.376
			1.5	15.026	14.376				1	24.350	23.917
			1	15.350	14.917			26	1.5	25.026	24.376
		17	1.5	16.026	15.375	…		…			
			1	16.350	15.917						

注：① 直径应优先选用第一系列，其次为第二系列，第三系列应尽可能不用。
　　② 有*标记的为粗牙螺距。

8.2 普通螺纹的公差与配合

8.2.1 普通螺纹的公差等级

国家标准《普通螺纹　公差》(GB/T 197—2003)规定有内、外螺纹中径公差(T_{D2}、T_{d2})，内螺纹小径公差(T_{D1})和外螺纹大径公差(T_d)。

内螺纹大径(D)和外螺纹小径(d_1)属限制性尺寸，没有规定具体的公差值，而只是规定内、外螺纹牙底实际轮廓上的任何点，不应超越按基本牙型和公差带位置所确定的最大实体牙型。内、外螺纹中径和顶径公差等级如表 8.2 所示。各公差等级中 3 级最高，9 级最低，其中 6 级为基本级。考虑到内螺纹加工较困难，因此内螺纹中径公差 T_{D2} 为同级外螺纹中径公差 T_{d2} 的 1.32 倍。各类公差值分别见表 8.3 和表 8.4。

表 8.2 螺纹公差等级

螺纹直径			公差等级
内螺纹	中径	D_2	4、5、6、7、8
	小径	D_1	
外螺纹	中径	d_2	3、4、5、6、7、8、9
	大径	d	4、6、8

表 8.3 内螺纹小径公差 T_{D1} 和外螺纹大径公差 T_d(摘自《普通螺纹 公差》(GB/T 197—2003)) μm

公差项目	内螺纹小径公差 $T_{D1}/\mu m$					外螺纹大径公差 $T_d/\mu m$		
公差等级 螺距 P/mm	4	5	6	7	8	4	6	8
0.75	118	150	190	236	—	90	140	—
0.8	125	160	200	250	315	95	150	236
1	150	190	236	300	375	112	180	280
1.25	170	212	265	335	425	132	212	335
1.5	190	236	300	375	475	150	236	375
1.75	212	265	335	425	530	170	265	425
2	236	300	375	475	600	180	280	450
2.5	280	355	450	560	710	212	335	530
3	315	400	500	630	800	236	375	600
3.5	355	450	560	710	900	265	425	670
4	375	475	600	750	950	300	475	750
4.5	425	530	670	850	1060	315	500	800

表 8.4 内、外螺纹中径公差 T_{D2}，T_{d2}(摘自《普通螺纹 公差》(GB/T 197—2003)) μm

基本大径 D/mm		螺距	内螺纹中径公差 T_{D2}					外螺纹中径公差 T_{d2}						
>	≤	P/mm	公差等级					公差等级						
			4	5	6	7	8	3	4	5	6	7	8	9
5.6	11.2	0.75	85	106	132	170	—	50	63	80	100	125	—	—
		1	95	118	150	190	236	56	71	95	112	140	180	224
		1.25	100	125	160	200	250	60	75	95	118	150	190	236
		1.5	112	140	180	224	280	67	85	106	132	170	212	295
11.2	22.4	1	100	125	160	200	250	60	75	95	118	150	190	236
		1.25	112	140	180	224	280	67	85	106	132	170	212	265
		1.5	118	150	190	236	300	71	90	112	140	180	224	280
		1.75	125	160	200	250	315	75	95	118	150	190	236	300

续表

基本大径 D/mm		螺距	内螺纹中径公差 T_{D2}					外螺纹中径公差 T_{d2}						
>	≤	P/mm	公差等级					公差等级						
			4	5	6	7	8	3	4	5	6	7	8	9
22.4	45	2	132	170	212	265	335	80	100	125	160	200	250	315
		2.5	140	180	224	280	355	85	106	132	170	212	265	335
		1	106	132	170	212	—	63	80	100	125	160	200	250
		1.5	125	160	200	250	315	75	95	118	150	190	236	300
		2	140	180	224	280	355	85	106	132	170	212	265	335
		3	170	212	265	335	425	100	125	160	200	250	315	400
		3.5	180	224	280	355	450	106	132	170	212	265	335	425
		4	190	236	300	375	475	112	140	180	224	280	355	450
		4.5	200	250	315	400	500	118	150	190	236	300	375	475

8.2.2　螺纹的基本偏差

螺纹公差带的位置是由基本偏差确定的。螺纹的基本牙型是计算螺纹偏差的基准，内、外螺纹的公差带相对于基本牙型的位置，与圆柱体的公差带位置一样，由基本偏差来确定。对于外螺纹，基本偏差是上偏差(es)；对于内螺纹，基本偏差是下偏差(EI)。

在普通螺纹标准中，对内螺纹规定了代号为 G、H 两种基本偏差，对外螺纹规定了代号为 e、f、g、h 四种基本偏差，如图 8.2 示(图中 d_3 为外螺纹小径)。

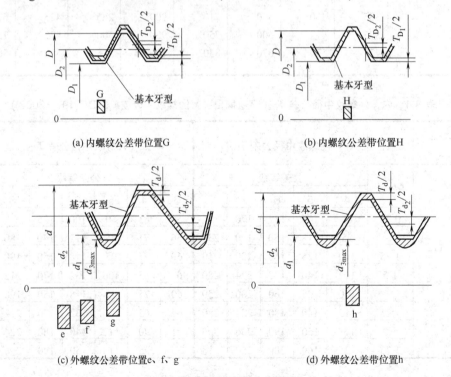

(a) 内螺纹公差带位置G

(b) 内螺纹公差带位置H

(c) 外螺纹公差带位置e、f、g

(d) 外螺纹公差带位置h

图 8.2　普通螺纹的基本偏差

各基本偏差的数值按表 8.5 所列公式计算，其中 H、h 的基本偏差为零，G 的基本偏差为正值，e、f、g 的基本偏差为负值。内、外螺纹基本偏差见表8.6。

表 8.5　基本偏差计算公式(摘自《普通螺纹　公差》(GB/T 197—2003))　　　μm

内　螺　纹		外　螺　纹	
基本偏差代号	下偏差 EI	基本偏差代号	上偏差 es
G	$+(15+11P)$	e f	$-(50+11P)$ $-(30+11P)$
H	0	g h	$-(15+11P)$ 0

注：螺距 P 的单位是 mm。

表 8.6　内、外螺纹的基本偏差(摘自《普通螺纹　公差》(GB/T 197—2003))　　　μm

螺距 P/mm	内螺纹基本偏差 EI		外螺纹基本偏差 es			
	G	H	e	f	g	h
0.75	+22	0	−56	−38	−22	0
0.8	+24	0	−60	−38	−24	0
1	+26	0	−60	−40	−26	0
1.25	+28	0	−63	−42	−28	0
1.5	+32	0	−67	−45	−32	0
1.75	+34	0	−71	−48	−34	0
2	+38	0	−71	−52	−38	0
2.5	+42	0	−80	−58	−42	0
3	+48	0	−85	−63	−48	0

8.2.3　极限偏差

螺纹中径和顶径的极限偏差参见国家标准《普通螺纹　极限偏差》(GB/T 2516—2003)。表中新增了外螺纹小径的偏差值，偏差值是依据 $H/6$ 削平高度所给出，计算公式为 $-\left(|es|+\dfrac{H}{6}\right)$。外螺纹小径的偏差可用于计算外螺纹的应力。

8.2.4　旋合长度

标准中将螺纹的旋合长度分为三组，分别为短旋合长度(S)、中等旋合长度(N)和长旋合长度(L)。一般采用中等旋合长度。螺纹旋合长度见表8.7。

螺纹的旋合长度与螺纹的精度密切相关。旋合长度增加，螺纹半角误差和螺距误差可能增加，以同样的中径公差值加工就会更困难，显然，衡量螺纹的精度应包括旋合长度。

表 8.7　螺纹旋合长度(mm)(摘自《普通螺纹　公差》(GB/T 197—2003))　　　mm

基本大径 D、d		螺距	旋合长度				基本大径 D、d		螺距	旋合长度			
			S		N					S		N	
>	≤	P	≤	>	≤	>	>	≤	P	≤	>	≤	>
5.6	11.2	0.75	2.4	2.4	7.1	7.1	22.4	45	1	4	4	12	12
		1	3	3	9	9			1.5	6.3	6.3	19	19
		1.25	4	4	12	12			2	8.5	8.5	25	25
		1.5	5	5	15	15			3	12	12	36	36
11.2	22.4	1	3.8	3.8	11	11			3.5	15	15	45	45
		1.25	4.5	4.5	13	13			4	18	18	53	53
		1.5	5.6	5.6	16	16			4.5	21	21	63	63
		1.75	6	6	18	18	…	…					
		2	8	8	24	24							
		2.5	10	10	30	30							

8.2.5　螺纹的公差带及其选用

根据使用场合，螺纹的公差等级分为精密、中等、粗糙三种精度。一般机械、仪器和构件选中等精度；要求配合性质变动较小的选精密级精度；要求不高或制造困难的选粗糙级精度。

在生产中，为了减少刀具、量具的规格和数量，对公差带的种类应加以限制。标准规定了供选择常用的公差带，如表 8.8、表 8.9 所示。除有特殊要求，不应选择标准规定以外的公差带。如果不知道螺纹旋合长度的实际值时，推荐按中等旋合长度(N)选取螺纹公差带。

表 8.8　内螺纹的推荐公差带(摘自《普通螺纹　公差》(GB/T 197—2003))

公差精度	公差带位置 G			公差带位置 H		
	S	N	L	S	N	L
精密	—	—	—	4H	5H	6H
中等	(5G)	**6G**	(7G)	**5H**	**6H**	**7H**
粗糙	—	(7G)	(8G)	—	7H	8H

表 8.9　外螺纹的推荐公差带(摘自《普通螺纹　公差》(GB/T 197—2003))

公差精度	公差带位置 e			公差带位置 f			公差带位置 g			公差带位置 h		
	S	N	L	S	N	L	S	N	L	S	N	L
精密	—	—	—	—	—	—	(4g)	(5g4g)	(3h4h)	**4h**	(5h4h)	
中等	—	**6e**	(7e6e)	—	**6f**	—	(5g6g)	**6g**	(7g6g)	(5h6h)	6h	(7h6h)
粗糙	—	(8e)	(9e8e)	—	—	—	8g	(9g8g)	—	—	—	

公差带优先选用顺序：粗字体公差带，一般字体公差带，括号内公差带。带方框的粗字体公差带用于大量生产的紧固件螺纹。

内、外螺纹选用的公差带可以任意组合。但是为了保证足够的接触高度，加工好的内、外螺纹最好组成 H/g、H/h、G/h 的配合。一般情况采用最小间隙为零的 H/h 配合；对用于经常拆卸、工作温度高或需涂镀的螺纹，通常采用 H/g 或 G/h 具有保证间隙的配合。对于公称直径小于和等于 1.4 mm 的螺纹，应选用 5H/6h、4H/6h 或更精密的配合。

8.2.6　螺纹在图样上的标注

完整螺纹标记由螺纹特征代号 M、尺寸代号、公差带代号和螺纹旋合长度代号等组成，中间用"-"隔开。

(1)　单线螺纹的尺寸代号为"公称直径×螺距"，对于粗牙螺纹可以省略螺距项。

(2)　多线螺纹的尺寸代号为"公称直径×Ph 导程 P 螺距"。如需要进一步表明螺纹线数，可在后面增加括号说明(例如双线为 two starts，三线为 three starts 等)。

例如：M16×Ph3P1.5(two starts)

(3)　公差带代号包括中径公差带和顶径公差带代号(中径公差带在前)。在下列情况下，中等公差精度螺纹可以不标注其公差带代号。

- 内螺纹：

  -5H　　公称直径小于等于 1.4 mm 时；

  -6H　　公称直径大于等于 1.6 mm 时。

- 外螺纹：

  -6h　　公称直径小于等于 1.4 mm 时；

  -6g　　公称直径大于等于 1.6 mm 时。

例如中径公差带和顶径公差带为 6g，中等公差精度的粗牙外螺纹标注为：M10。

(4)　螺纹旋合长度在公差带后标注"S"和"L"，不标注时，表示中等旋合长度。

(5)　对左旋螺纹应在旋合长度后标注"LH"代号，右旋不标注旋向代号。

例如，外螺纹：

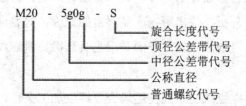

内螺纹：

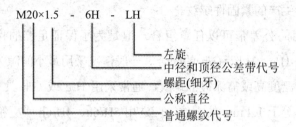

$$M20\times1.5 \ - \ 6H \ - \ LH$$

├── 左旋
├── 中径和顶径公差带代号
├── 螺距(细牙)
├── 公称直径
└── 普通螺纹代号

(6) 内、外螺纹装配在一起，内螺纹公差带代号在前面，外螺纹公差带代号在后，中间用斜线分开，如：M20×2-6H/5g6g。

【例 8-1】查出 M20×2-7g6g 螺纹上、下极限偏差。

解：螺纹代号 M20×2 表示细牙普通螺纹，公称直径为 20 mm，螺距为 2 mm；公差代号 7g6g 表示外螺纹中径公差带代号为 7g，大径公差带代号为 6g。

由表 8.6 可知，g 的基本偏差(es) = −38 μm；

由表 8.4 可知，公差等级为 7 时，中径公差 T_{d2} = 200 μm；

由表 8.3 可知，公差等级为 6 时，大径公差 T_d = 280 μm。

故　中径上偏差(es) = −38 μm

中径下偏差(ei) = es−T_{d2} = −238 μm

大径上偏差(es) = −38 μm

大径下偏差(ei) = es−T_d = −318 μm

一部分普通螺纹的基本尺寸见表 8.1。

8.2.7　螺纹测量

螺纹测量分为单项测量和综合测量。

综合测量实质是用螺纹的公差带控制螺纹各参数误差综合形成的实际轮廓。综合测量用螺纹极限量规进行测量，只能判断螺纹是否合格，而不能给出各参数的具体值。综合测量广泛用于大批量生产中，测量效率高，操作简单。

单项测量就是对螺纹各参数分别进行检测，看是否满足其公差要求。在生产中有时为了对螺纹的加工工艺进行分析，找出影响产品质量的原因，对普通螺纹各参数分别进行检测。单项测量方法很多，目前应用较广泛的是用工具显微镜测螺纹各参数或利用三针法测量螺纹中径。

螺纹的检测手段应根据螺纹的不同使用场合及螺纹加工条件，由产品设计者决定采用何种螺纹检验手段。

8.3 梯形螺纹公差

各种传动螺纹如机床丝杠、起重机螺杆等，其螺纹牙型多采用梯形螺纹。这是因为梯形螺纹具有传动效率高、精度高和加工方便等优点，并能够满足传动螺纹的使用要求。

梯形螺纹结合属于间隙配合性质，在中径、大径和小径处都有一定的保证间隙，用以储存润滑油。

8.3.1 梯形螺纹的基本尺寸

梯形螺纹的特点是内、外螺纹仅中径公称尺寸相同，而小径和大径的公称尺寸不同，这与普通螺纹是不一样的。梯形螺纹的牙型与基本尺寸按《梯形螺纹 第 1 部分：牙型》(GB/T 5796.1—2005)和《梯形螺纹 第 3 部分：基本尺寸》(GB/T 5796.3—2005)的规定，如图 8.3 所示。

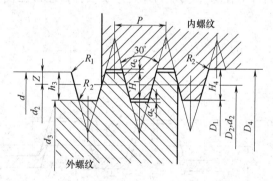

图 8.3 梯形螺纹

基本尺寸的名称、代号及关系式见表 8.10。

表 8.10 梯形螺纹基本尺寸的名称、代号及关系

名 称	代 号	关 系 式
外螺纹大径	d	
螺距	P	
牙顶间隙	a_c	
基本牙型高度	H_1	$H_1 = 0.5P$
外螺纹牙高	h_3	$h_3 = H_1 + a_c = 0.5P + a_c$
内螺纹牙高	H_4	$H_4 = H_1 + a_c = 0.5P + a_c$
牙顶高	Z	$Z = 0.25P = H_1/2$
外螺纹中径	d_2	$d_2 = d - 2Z = d - 0.5P$
内螺纹中径	D_2	$D_2 = d - 2Z = d - 0.5P$

续表

名　称	代号	关　系　式
外螺纹小径	d_3	$d_3 = d - 2h_3 = d - P - 2a_c$
内螺纹小径	D_1	$D_1 = d - 2H_1 = d - P$
内螺纹大径	D_4	$D_4 = d + 2a_c$
外螺纹牙顶圆角	R_1	$R_{1max} = 0.5a_c$
牙底圆角	R_2	$R_{2max} = a_c$

各直径基本尺寸系列可参阅相关国家标准。

8.3.2　梯形螺纹公差

1. 公差带位置与基本偏差

国家标准《梯形螺纹 第4部分：公差》(GB/T 5796.4—2005)规定梯形螺纹外螺纹的上偏差 es 及内螺纹的下偏差 EI 为基本偏差。公差带的位置由基本偏差确定。

对内螺纹的大径 D_4、中径 D_2 及小径 D_1 规定了一种公差带位置 H，其基本偏差为零，如图8.4所示。

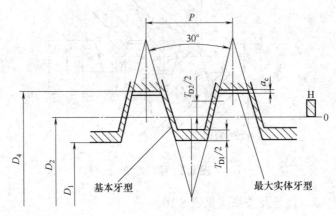

图8.4　内螺纹公差带

D_4—大径；T_{D1}—小径公差；D_2—中径；；D_1—小径；T_{D2}—中径公差；P—螺距

对外螺纹的中径 d_2 规定了两种公差带位置 e 和 c，对大径 d 和小径 d_3，只规定了一种公差带位置 h，h 的基本偏差为零，e 和 c 的基本偏差为负值，如图8.5所示。其公差数值可参阅相关国家标准。

2. 旋合长度

旋合长度按梯形螺纹公称直径和螺距的大小分为 N、L 两组。N 为中等旋合长度；L 为长旋合长度。旋合长度数值见相关国家标准。

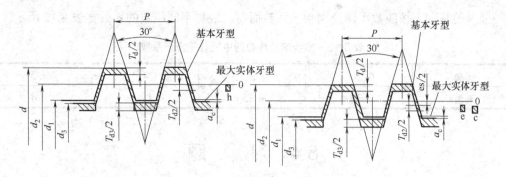

(a) 大、小径的公差带位置为h　　　　(b) 大小径的公差带位置为h,中径为e、c

图 8.5　外螺纹公差带

d—外螺纹大径；d_2—外螺纹中径；d_3—外螺纹小径；P—螺距；es—中径基本偏差；
T_d—外螺纹大径公差；T_{d2}—外螺纹中径公差；T_{d3}—外螺纹小径公差

3. 螺纹精度与公差带的选用

由于标准对内螺纹小径 D_1 和外螺纹大径 d 只规定一种公差带(4H、4h)；标准还规定外螺纹小径 d_1 的公差位置永远为 h，公差等级数与中径公差等级数相同，故梯形螺纹仅选用并标记中径公差带，代表梯形螺纹公差带。标准对梯形螺纹规定了中等和粗糙两种精度，其选用原则是：一般用途采用中等精度，对精度要求不高时，采用粗糙精度。

螺纹精度与公差带一般应按表 8.11 规定选用中径公差带。

表 8.11　内、外螺纹选用公差带

精度	内螺纹		外螺纹	
	N	L	N	L
中等	7H	8H	7e	8e
粗糙	8H	9H	8c	9c

8.3.3　螺纹标记

梯形螺纹的标记是由梯形螺纹代号、公差带代号及旋合长度代号组成。

当旋合长度为中等旋合长度时，不标注旋合长度代号。当旋合长度为长旋合长度时，应将组别代号 L 写在公差带代号的后面，并用"-"隔开。特殊需要时可用具体旋合长度数值代替组别代号 L，如 Tr40×7-7e-L。

在装配图中，梯形螺纹的公差带要分别注出内、外螺纹的公差带代号。前面是内螺纹公差带代号，后面是外螺纹公差带代号，中间用斜线分开，如 Tr40×7-7H/7e。

多线螺纹的顶径公差和底径公差与单线螺纹相同，多线螺纹的中径公差是在单线螺纹中径公差的基础上按线数不同分别乘一系数而得。各种不同线数的系数如表 8.12 所示。

表 8.12　多线螺纹线数的中径公差修正系数

线数	2	3	4	≥5
系数	1.12	1.25	1.4	1.6

8.4　习　　题

1. 对普通紧固螺纹，标准中为什么不单独规定螺距公差与牙型半角公差?

2. 一对螺纹配合代号为 M20×2 – 6H/5g6g，试查表确定外螺纹中径、大径和内螺纹中径、小径的极限偏差，并画出公差带。

3. 影响螺纹互换性的参数有哪几项?

4. 普通螺纹精度等级如何选择? 应考虑些什么问题?

5. 综合与单项检测螺纹各有何特点?

6. 说明下列螺纹标注中各代号的含义。

(1)　M24-6H　　　(2) M36×2-5g6g　　　(3) M20×2-S-LH

7. 判断题(正确的打√，错误的打×)

(1)　螺纹中径是影响螺纹互换性的主要参数。　　　　　　　　　　　(　　)

(2)　普通螺纹的配合精度与公差等级和旋合长度有关。　　　　　　(　　)

(3)　国家标准对普通螺纹除规定中径公差外，还规定了螺距公差和牙型半角公差。　(　　)

(4)　当螺距无误差时，螺纹的单一中径等于实际中径。　　　　　　(　　)

第9章　圆柱齿轮传动的互换性

本章的学习目的是了解圆柱齿轮的公差标准及其应用。本章学习的主要内容为：齿轮的分类；单个齿轮及齿轮副的评定指标；齿轮精度等级及齿轮检验项目的选择；齿轮精度等级的标注。

9.1　概　　述

齿轮是用来传递运动和动力的一种常用机构，广泛应用于机器、仪器制造业。根据齿轮的工作情况可将齿轮分为以下三种。

1. 分度齿轮、读数齿轮

分度齿轮、读数齿轮主要用于精密机床的分度机构、测量仪器上的读数机构，由于其分度要求准确，负荷不大，转速低，所以对齿轮传递运动准确性要求较高，且侧隙要求要小。

2. 传动齿轮

传动齿轮主要用于高速传动的齿轮，如汽轮机、高速发动机、减速器及高速机床的变速箱中的齿轮传动，传递功率大，转速高，要求工作时振动、冲击和噪声要小，所以这类高速齿轮要求传动平稳、对载荷分布的均匀性要求较高。

3. 传力齿轮

传力齿轮主要是用于传递动力，如矿山机械、重型机械等中的低速齿轮，工作载荷大，模数和齿宽均较大，转速一般较低，所以这类动力齿轮载荷分布的均匀性要求较高。

凡有齿轮传动的机械产品，其工作性能、承载能力、使用寿命和工作精度等都与齿轮的传动质量密切相关。而齿轮本身的制造精度及齿轮副的安装精度对齿轮传动质量起着主要作用。随着现代生产和科技的发展，对齿轮传动的精度提出了更高要求。因此，研究齿轮误差对使用性能等的影响，对提高齿轮加工质量具有重要意义。

我国 20 世纪 80 年代相继执行和贯彻了《渐开线圆柱齿轮精度》(JB 179—1983)和《渐开线圆柱齿轮精度》(GB 10095－1988)两项标准。进入 20 世纪 90 年代，由德国、美国等先进工业国家参加的 ISO/TC60/WG2(国际标准化委员会齿轮技术委员会第二工作组)对 ISO1328:1975 标准进行了修订。2001 年我国发布了《渐开线圆柱齿轮 精度》(GB/T 10095.1~GB/T 10095.2—2001)。2008 年又对标准进行了修订,制定了《圆柱齿轮 精度制》(GB/T 10095.1~GB/T 10095.2—2008)。

9.2 单个齿轮评定指标

一个渐开线圆柱齿轮(含直齿、斜齿),从几何精度要求考虑,只要齿轮各轮齿的分度准确,齿形正确,螺旋线正确,那么齿轮就是什么误差也没有的理想几何体,传动起来也没有任何误差。

因此,标准规定以单项偏差为基础,在《圆柱齿轮 精度制 第 1 部分:齿轮同侧齿面偏差的定义和允许值》(GB/T 10095.1—2008)中规定了齿距偏差、齿距累积偏差、齿距累积总偏差、齿廓总偏差、齿廓形状偏差、齿廓倾斜偏差、螺旋线总偏差、螺旋线形状偏差和螺旋线倾斜偏差,共 9 项单项指标。在标准中虽然也提出了齿轮单面啮合测量参数、双面啮合测量参数、径向跳动等,但明确指出它们不是必检项目。因为这些项目都是出于某种目的(例如为检测方便、提高检测效率等)而派生出的替代项目。在《圆柱齿轮 精度制 第 2 部分:径向综合偏差与径向跳动的定义和允许值》(GB/T 10095.2—2008)中给出径向综合偏差、径向一齿综合偏差和齿轮径向跳动的定义。

9.2.1 齿距偏差

1. 单个齿距偏差(f_{pt})

f_{pt} 是指在端平面上,接近齿高中部的一个与齿轮轴线同心的圆上,实际齿距与理想齿距的代数差,如图 9.1 所示。

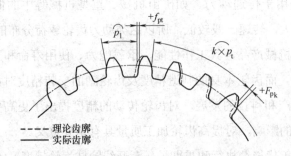

图 9.1 齿距偏差齿距累积偏差

单个齿距偏差(f_{pt})应在其对应的极限偏差值范围内。

2. 齿距累积偏差(F_{pk})

F_{pk}是指任意 k 个齿距的实际弧长与理论弧长的代数差，如图 9.1 所示。理论上 F_{pk} 等于 k 个齿距的各单个齿距偏差的代数和。

除另有规定，F_{pk} 值被限制在不大于 1/8 的圆周上评定，因此 F_{pk} 的允许值适用于齿距数为 2 到小于 $z/8$ 的弧段内，通常 k 取 $z/8$。

齿距累积偏差(F_{pk})应在其对应的极限偏差值范围内。

3. 齿距累积总偏差(F_p)

F_p 是指齿轮同侧齿面任意弧段($k=1$ 至 $k=z$)内的最大齿距累积偏差，它表现为齿距累积偏差曲线的总幅值。

齿距累积总偏差(F_p)应小于或等于其允许值。

检测齿距精度最常用的装置，一种是有两个触头的齿距比较仪，另一种是只有一个触头的角度分度仪。不带旋转工作台的坐标测量机也可用来测量齿距和齿距偏差。

9.2.2　齿廓偏差

齿廓偏差是指实际齿廓偏离设计齿廓的量，该量在端平面内且垂直于渐开线齿廓的方向计值，如图 9.2 所示。其中设计齿廓是符合规定的齿廓，当无其他规定时是端面齿廓。

1. 齿廓总偏差(F_α)

F_α是指在计值范围内，包容实际齿廓迹线的两条设计齿廓迹线间的距离。F_α应小于或等于其对应的公差值。

齿廓总偏差中涉及以下几个基本概念。

- 齿廓计值范围(L_α)：是可用长度的一部分，在 L_α 内应遵照规定精度等级的公差。除特殊规定外，其长度等于从 E 点开始延伸到有效长度 L_{AE} 的 92%，如图 9.2 所示。
- 有效长度(L_{AE})：可用长度中对应有效齿廓的那部分。
- 可用长度(L_{AF})：等于两条端面基圆切线之差。其中一条从基圆到可用齿廓的外界线点，另一条是从基圆到可用齿廓的内界线点。
- 设计齿廓：符合设计规定的齿廓，当无其他限定时，是指段面齿廓。

2. 齿廓形状偏差($f_{f\alpha}$)

$f_{f\alpha}$是指在计值范围内，包容实际齿廓迹线的两条与平均齿廓迹线完全相同的曲线间的距离，且两条曲线与平均齿廓迹线的距离为常数，如图 9.2(b)所示。

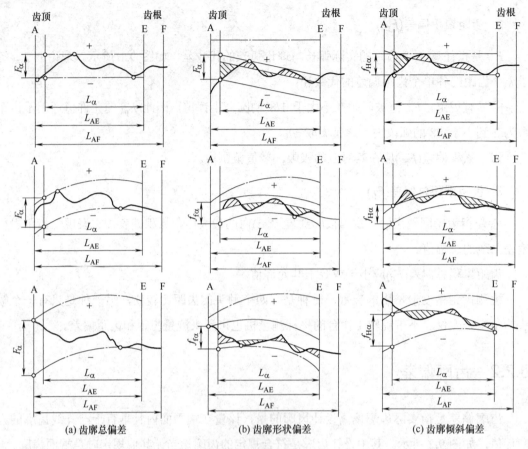

(a) 齿廓总偏差　　　　　(b) 齿廓形状偏差　　　　　(c) 齿廓倾斜偏差

图 9.2　齿廓偏差

齿廓形状偏差($f_{f\alpha}$)应小于或等于其对应的公差值。

3. 齿廓倾斜偏差($f_{H\alpha}$)

$f_{H\alpha}$是指在计值范围的两端与平均齿廓迹线相交的两条设计齿廓迹线间的距离，如图 9.2(c)所示。

$f_{H\alpha}$应在其对应的极限偏差值范围内。

9.2.3　螺旋线偏差

螺旋线偏差是在端面基圆切线方向上测得的实际螺旋线偏离设计螺旋线的量，如图 9.3 所示。

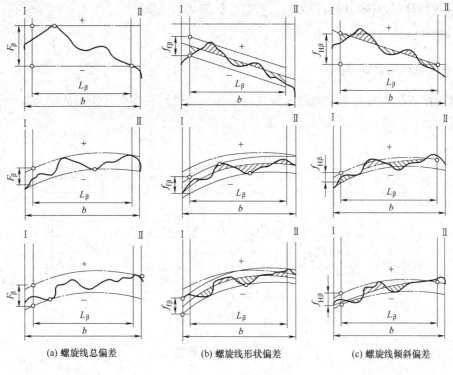

(a) 螺旋线总偏差　　　　　　(b) 螺旋线形状偏差　　　　　　(c) 螺旋线倾斜偏差

图 9.3　螺旋线偏差

1. 螺旋线总偏差(F_β)

F_β 是指在计值范围内，包容实际螺旋线迹线的两条设计螺旋线迹线间的距离，如图 9.3(a)所示。

2. 螺旋线形状偏差($f_{f\beta}$)

$f_{f\beta}$ 是指在计值范围内，包容实际螺旋线迹线的两条与平均螺旋线迹线完全相同的曲线间的距离，且两条曲线与平均螺旋线迹线的距离为常数，如图 9.3(b)所示。

螺旋线形状偏差应在对应的公差或极限偏差的范围内。

3. 螺旋线倾斜偏差($f_{H\beta}$)

$f_{H\beta}$ 是指在计值范围的两端与平均螺旋线迹线相交的设计螺旋线迹线间的距离，如图 9.3(c)所示。

9.2.4　切向综合偏差

1. 切向综合总偏差(F_i')

F_i' 是指被测齿轮与理想精确的测量齿轮单面啮合时，被测齿轮在一转内，齿轮分度圆上实际圆周位移与理论圆周位移的最大差值，如图9.4所示。

切向综合总偏差应在其公差范围内。

2. 一齿切向综合偏差(f_i')

f_i'是指被测齿轮与理想精确的测量齿轮单面啮合时，在一个齿距上的切向综合偏差，如图9.4所示。

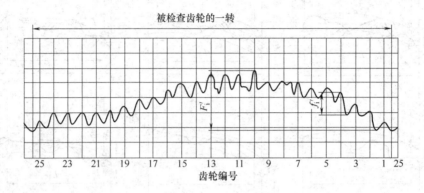

图 9.4　切向综合偏差

9.2.5　径向综合偏差

1. 径向综合总偏差(F_i'')

F_i''是指被测齿轮与理想精确的测量齿轮双面啮合时，被测齿轮在一转内的双啮中心距的最大值和最小值之差，如图 9.5 所示。其中双啮中心距是指被测齿轮与精确测量齿轮紧密啮合时的中心距。

2. 一齿径向综合偏差(f_i'')

f_i''是指被测齿轮与理想精确的测量齿轮双面啮合时，对应一个齿距的径向综合偏差值，如图9.5所示。

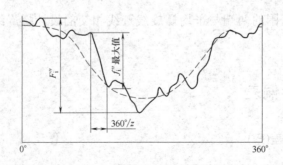

图 9.5　径向综合偏差

9.2.6　径向跳动

径向跳动公差(F_r)是指在齿轮一转范围内，测头在齿槽内(或轮齿上)与齿高中部双面接触，测头相对于齿轮轴心线的最大变动量，如图 9.6 所示。

F_r 是齿圈径向跳动误差ΔF_r的最大允许值。

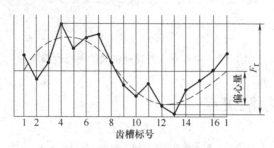

图 9.6　径向跳动公差

9.3　影响齿轮副的评定指标

上面所讨论的都是单个齿轮的加工误差，除此之外，齿轮副的偏差项目同样影响齿轮传动的使用性能。

9.3.1　齿轮副的中心距偏差 f_a

齿轮副的中心距偏差(f_a)是指在齿轮副的齿宽中间平面内，实际中心距与公称中心距之差，如图 9.7 所示。f_a 主要影响齿轮副侧隙，必须限制在极限偏差范围内。

9.3.2　轴线的平行度偏差

1. 轴线平面内偏差$(f_{\Sigma\delta})$

轴线平面内偏差$(f_{\Sigma\delta})$是在两轴线的公共平面上测量的，它影响螺旋线啮合偏差，如图 9.7 所示。

2. 轴线垂直方向上的偏差$(f_{\Sigma\beta})$

轴线垂直方向上的偏差$(f_{\Sigma\beta})$是在与轴线公共平面垂直的"交错轴平面"上测量的，如图 9.7 所示。

轴线平面内偏差对螺旋线啮合偏差的影响是工作压力角的正弦函数，而垂直平面上的轴线偏差的影响是工作压力角的余弦函数，对这两种偏差要规定不同的最大推荐值。

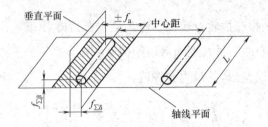

图 9.7　中心距及齿轮副轴线的平行度偏差

9.3.3　齿轮副的接触斑点

齿轮副的接触斑点是指对安装好的齿轮副，在轻微制动下，运转后齿面上分布的接触擦亮痕迹，如图 9.8 所示。接触痕迹的大小在齿面展开图上用百分比计算。百分比越大，分布均匀性越好。

沿齿长方向的接触斑点主要影响齿轮副的承载能力，沿齿高方向的接触斑点主要影响工作平稳性。接触斑点综合反映了齿轮的加工和安装误差。为满足齿轮副齿面载荷分布均匀性要求，齿轮副的接触斑点不小于规定的百分比。

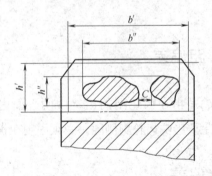

图 9.8　接触斑点

9.3.4　齿轮副的侧隙

1. 齿轮副的侧隙

齿轮副的侧隙分为法向侧隙(j_{bn})和圆周侧隙(j_{wt})。j_{wt} 是指安装好的齿轮副，当其中一个齿轮固定时，另一齿轮圆周的晃动量，以分度圆上的弧长计值，如图 9.9(a)所示。j_{bn} 是指安装好的齿轮副，当工作齿面接触时，非工作齿面之间的最小距离，如图 9.9(b)所示。

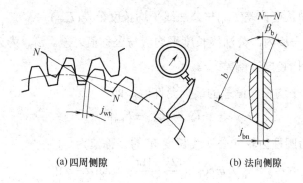

(a) 四周侧隙　　　　　　　(b) 法向侧隙

图 9.9　齿轮副侧隙

j_{bn} 与 j_{wt} 之间的关系为

$$j_{bn} = j_{wt} \cos \beta_b \cos \alpha_{wt} \tag{9-1}$$

式中：β_b——基圆螺旋角；

α_{wt}——端面工作压力角。

2．影响齿轮副侧隙的偏差

在齿轮的加工误差中，影响齿轮副侧隙的误差主要是齿厚偏差和公法线平均长度偏差。

1）　齿厚偏差(E_{sn})与齿厚公差(T_{sn})

E_{sn} 是指分度圆柱面上齿厚实际值与公称值之差，如图 9.10 所示。图中 E_{sns} 表示齿厚上偏差，E_{sni} 表示齿厚下偏差，T_{sn} 表示齿厚公差。

为了保证齿轮传动侧隙，齿厚的上、下偏差均应为负值。

T_{sn} 是指齿厚偏差的最大允许值。

由于在分度圆柱面上齿厚不便于测量，所以实际测量时用齿厚游标卡尺测量分度圆弦齿厚。

测量弦齿厚有局限性，可改用测量公法线平均长度偏差的方法。

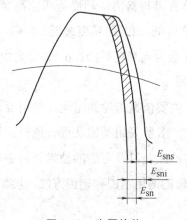

图 9.10　齿厚偏差

2) 公法线平均长度偏差(E_{bn})与公法线平均长度公差(T_{wm})

E_{bn} 是指在齿轮一周内,公法线长度平均值与公称值之差。E_{bns} 为公法线平均长度上偏差,E_{bni} 为公法线平均长度下偏差。

T_{wm} 是指公法线平均长度偏差的最大允许值,即

$$T_{wm} = \left| E_{bns} - E_{bni} \right| \tag{9-2}$$

渐开线标准直齿圆柱齿轮的公法线长度 W 的公称值为

$$W_{公称} = m \cos \alpha \left[\frac{(2k-1)\pi}{2} + z(\tan \alpha - \alpha) \right] \tag{9-3}$$

$$k = \frac{\alpha}{180°} + \frac{1}{2} \tag{9-4}$$

当 $\alpha = 20°$ 时, $$W_{公称} = m[1.476(2k-1) + 0.014z] \tag{9-5}$$

其中 $$k = \frac{z}{9} + 0.5 \quad (四舍五入取整数) \tag{9-6}$$

3) 测定跨球(圆柱)尺寸控制齿厚

当斜齿轮的齿宽太窄,不允许作公法线测量时,可以把两个球或圆柱置于尽可能在直径上相对的齿槽内,然后测量跨球(圆柱)尺寸。

9.4 渐开线圆柱齿轮的精度标准

《圆柱齿轮 精度制》(GB/T 10095.1～GB/T 10095.2—2008)对齿轮精度等级作了规定。

9.4.1 齿轮精度等级及其选择

国家标准对圆柱齿轮不分直齿与斜齿,精度等级由高至低划分为 0～12 共 13 个等级。其中 0 级精度最高,依次降低,12 级精度最低。0～2 级目前一般单位尚不能制造,称为有待发展的展望级;3～5 级为高精度等级;6～8 级为中等精度等级,9 级为较低精度等级;10～12 级为低精度等级。

在确定齿轮精度等级时,主要依据齿轮的用途、使用要求和工作条件。选择齿轮精度等级的方法有计算法和类比法,多数采用类比法进行选择。类比法是根据以往产品设计、性能试验、使用过程中所积累的经验以及可靠的技术资料进行对比,从而确定齿轮精度。表 9.1 给出了各精度等级的齿轮的适用范围和切齿方法,供参考。

表 9.1　各精度等级齿轮的适用范围

精度等级	工作条件与适用范围	圆周速度/(m/s)		齿面的最后加工
		直齿	斜齿	
3	用于最平稳且无噪声的极高速下工作的齿轮；特别精密的分度机构齿轮；特别精密机械中的齿轮；控制机构齿轮；检测 5、6 级的测量齿轮	到 40	到 75	特精密的磨齿和珩磨用精密滚刀滚齿或单边剃齿后的大多数不经淬火的齿轮
4	用于精密分度机构的齿轮；特别精密机械中的齿轮；高速透平齿轮；控制机构齿轮；检测 7 级的测量齿轮	到 35	到 70	精密磨齿；大多数用精密滚刀滚齿和珩齿或单边剃齿
5	用于高平稳且低噪声的高速传动中的齿轮；精密机构中的齿轮；透平传动的齿轮；检测 8、9 级的测量齿轮；重要的航空、船用齿轮箱齿轮	到 20	到 40	精密磨齿；大多数用精密滚刀加工，进而研齿或剃齿
6	用于高速下平稳工作、需要高效率及低噪声的齿轮；航空、汽车用齿轮；读数装置中的精密齿轮；机床传动链齿轮；机床传动齿轮	到 15	到 30	精密磨齿或剃齿
7	在高速和适度功率或大功率及适当速度下工作的齿轮；机床变速箱进给齿轮；高速减速器的齿轮；起重机齿轮；汽车以及读数装置中的齿轮	到 10	到 15	无需热处理的齿轮，用精确刀具加工 对于淬硬齿轮必须精整加工磨齿、研齿、珩磨
8	一般机器中无特殊精度要求的齿轮；机床变速齿轮；汽车制造业中的不重要齿轮；冶金、起重、机械齿轮通用减速器的齿轮；农业机械中的重要齿轮	到 6	到 10	滚、插齿均可，不用磨齿；必要时剃齿或研齿
9	用于无精度要求的粗糙工作的齿轮；因结构上考虑受载低于计算载荷的传动用齿轮；重载、低速不重要工作机械的传力齿轮；农机齿轮	到 2	到 4	不需要特殊的精加工工序

9.4.2　齿轮检验项目的选择及公差值确定

国家标准对齿轮本身的偏差项目共给出了 20 多种，其中有的属于单项测量，有的属于综合测量，而且标准规定以单项指标为主。由于各种偏差之间存在相关性和可替代性，国家标准对单个齿轮规定了三项强制检查项目：齿距类的偏差(齿距累积总偏差 F_p，齿距累积偏差 F_{pk}，单个齿距偏差 f_{pt})、齿廓偏差(F_α)、螺旋线偏差(F_β)，而其他项目都不是必检项目。

必检项目可以客观地评定齿轮的加工质量和齿轮制造水平，而那些非必检项目可以根据供需双方的共同协商结果来确定。例如，为了提高批量生产的齿轮检验效率，可采取双面啮合综合测量来代替单项测量；为了进一步分析齿廓总偏差(F_p)产生的原因，可检测齿廓形状偏差($F_{f\alpha}$)和齿廓倾斜偏差($F_{H\alpha}$)。正因为如此,对齿轮检验项目的选择不宜规定得太死,而应根据具体情况来确定。例如,齿轮检验的目的(终结检验还是工艺检验)、精度等级、切齿工艺、结构形式和尺寸、生产批量以及企业现有的测齿设备等。

根据我国多年的生产实践及目前齿轮生产的质量控制水平,建议供需双方依据齿轮的功能要求、生产批量和检测手段,在表 9.2 推荐的检验组中选取一个检验组来评定齿轮的精度等级。

表 9.2 检验组(推荐)

检验组	检验项目偏差代号	适用等级
1	F_p、F_α、F_β、F_r、E_{sn} 或 E_{bn}	3～9
2	F_p 与 F_{pk}、F_α、F_β、F_r、E_{sn} 或 E_{bn}	3～9
3	F_p、f_{pt}、F_α、F_β、F_r、E_{sn} 或 E_{bn}	3～9
4	F_i''、f_i''、E_{sn} 或 E_{bn}	6～9
5	F_i'、f_i'、E_{sn} 或 E_{bn}	3～6
6	F_{pt}、F_r、E_{sn} 或 E_{bn}	10～12

单个齿距偏差、齿距累积总偏差、齿廓总偏差、螺旋线总偏差分别见表 9.3～表 9.6。

表 9.3 单个齿距偏差±f_{pt} (摘自《圆柱齿轮 精度制 第 1 部分: 齿轮同侧齿面偏差的定义和允许值》(GB/T 10095.1—2008))　　μm

| 分度圆直径 d/mm | 法向模数 m/mm | 精度等级 | | | | | | | | | | | | |
		0	1	2	3	4	5	6	7	8	9	10	11	12
5≤d≤20	0.5≤m≤2	0.8	1.2	1.7	2.3	3.3	4.7	6.5	9.5	13.0	19.0	26.0	37.0	53.0
	2<m≤3.5	0.9	1.3	1.8	2.6	3.7	5.0	7.5	10.0	15.0	21.0	29.0	41.0	59.0
20<d≤50	0.5≤m≤2	0.9	1.2	1.8	2.5	3.5	5.0	7.0	10.0	14.0	20.0	28.0	40.0	56.0
	2<m≤3.5	1.0	1.4	1.9	2.7	3.9	5.5	7.5	11.0	15.0	22.0	31.0	44.0	62.0
	3.5<m≤6	1.1	1.5	2.1	3.0	4.3	6.0	8.5	12.0	17.0	24.0	34.0	48.0	68.0
	6<m≤10	1.2	1.7	2.5	3.5	4.9	7.0	10.0	14.0	20.0	28.0	40.0	56.0	79.0
50<d≤125	0.5≤m≤2	0.9	1.3	1.9	2.7	3.8	5.5	7.5	11.0	15.0	21.0	30.0	43.0	61.0
	2<m≤3.5	1.0	1.4	2.1	2.9	4.1	6.0	8.5	12.0	17.0	23.0	33.0	47.0	66.0
	3.5<m≤6	1.1	1.6	2.3	3.2	4.6	6.5	9.0	13.0	18.0	26.0	36.0	52.0	73.0
	6<m≤10	1.3	1.8	2.6	3.7	5.0	7.5	10.0	15.0	21.0	30.0	42.0	59.0	84.0
	10<m≤16	1.6	2.2	3.1	4.4	6.5	9.0	13.0	18.0	25.0	35.0	50.0	71.0	100.0
	16<m≤25	2.0	2.8	3.9	5.5	8.0	11.0	16.0	22.0	31.0	44.0	63.0	89.0	125.0
125<d≤280	0.5≤m≤2	1.1	1.5	2.1	3.0	4.2	6.0	8.5	12.0	17.0	24.0	34.0	48.0	67.0
	2<m≤3.5	1.1	1.6	2.3	3.2	4.6	6.5	9.0	13.0	18.0	26.0	36.0	51.0	73.0
	3.5<m≤6	1.2	1.8	2.5	3.5	5.0	7.0	10.0	14.0	20.0	28.0	40.0	56.0	79.0
	6<m≤10	1.4	2.0	2.8	4.0	5.5	8.0	11.0	16.0	23.0	32.0	45.0	64.0	90.0
	10<m≤16	1.7	2.4	3.3	4.7	6.5	9.5	13.0	19.0	27.0	38.0	53.0	75.0	107
	16<m≤25	2.1	2.9	4.1	6.0	8.0	12.0	16.0	23.0	33.0	47.0	66.0	93.0	132
	25<m≤40	2.7	3.8	5.5	7.5	11.0	15.0	21.0	30.0	43.0	61.0	86.0	121	171

分度圆直径 d/mm	法向模数 m/mm	精度等级												
		0	1	2	3	4	5	6	7	8	9	10	11	12
280<d≤560	0.5≤m≤2	1.2	1.7	2.4	3.3	4.7	6.5	9.5	13.0	19.0	27.0	38.0	54.0	76.0
	2<m≤3.5	1.3	1.8	2.5	3.6	5.0	7.0	10.0	14.0	20.0	29.0	41.0	57.0	81.0
	3.5<m≤6	1.4	1.9	2.7	3.9	5.5	8.0	11.0	16.0	22.0	31.0	44.0	62.0	88.0
	6<m≤10	1.5	2.2	3.1	4.4	6.0	8.5	12.0	17.0	25.0	35.0	49.0	70.0	99.0
	10<m≤16	1.8	2.5	3.6	5.0	7.0	10.0	14.0	20.0	29.0	41.0	58.0	81.0	115
	16<m≤25	2.2	3.1	4.4	6.0	9.0	12.0	18.0	25.0	35.0	50.0	70.0	99.0	140
	25<m≤40	2.8	4.0	5.5	8.0	11.0	16.0	22.0	32.0	45.0	63.0	90.0	127	180
	40<m≤70	3.9	5.5	8.0	11.0	16.0	22.0	31.0	45.0	63.0	89.0	126	178	252

表9.4　齿距累积总偏差 F_p(摘自《圆柱齿轮 精度制 第 1 部分：齿轮同侧齿面偏差的定义和允许值》(GB/T 10095.1—2008))　μm

分度圆直径 d/mm	法向模数 m/mm	精度等级												
		0	1	2	3	4	5	6	7	8	9	10	11	12
5≤d≤20	0.5≤m≤2	2.0	2.8	4.0	5.5	8.0	11.0	16.0	23.0	32.0	45.0	64.0	90.0	127
	2<m≤3.5	2.1	2.9	4.2	6.0	8.5	12.0	17.0	23.0	33.0	47.0	66.0	94.0	133
20<d≤50	0.5≤m≤2	2.5	3.6	5.0	7.0	10.0	14.0	20.0	29.0	41.0	57.0	81.0	115	162
	2<m≤3.5	2.6	3.7	5.0	7.5	10.0	15.0	21.0	30.0	42.0	59.0	84.0	119	168
	3.5<m≤6	2.7	3.9	5.5	7.5	11.0	15.0	22.0	31.0	44.0	62.0	87.0	123	174
	6<m≤10	2.9	4.1	6.0	8.0	12.0	16.0	23.0	33.0	46.0	65.0	93.0	131	185
50<d≤125	0.5≤m≤2	3.3	4.6	6.5	9.0	13.0	18.0	26.0	37.0	52.0	74.0	104	147	208
	2<m≤3.5	3.3	4.7	6.5	9.5	13.0	19.0	27.0	38.0	53.0	76.0	107	151	214
	3.5<m≤6	3.4	4.9	7.0	9.5	14.0	19.0	28.0	39.0	55.0	78.0	110	156	220
	6<m≤10	3.6	5.0	7.0	10.0	14.0	20.0	29.0	41.0	58.0	82.0	116	164	231
	10<m≤16	3.9	5.5	7.5	11.0	15.0	22.0	31.0	44.0	62.0	88.0	124	175	248
	16<m≤25	4.3	6.0	8.5	12.0	17.0	24.0	34.0	48.0	68.0	96.0	136	193	273
125<d≤280	0.5≤m≤2	4.3	6.0	8.5	12.0	17.0	24.0	35.0	49.0	69.0	98.0	138	195	276
	2<m≤3.5	4.4	6.0	9.0	12.0	18.0	25.0	35.0	50.0	70.0	100	141	199	282
	3.5<m≤6	4.5	6.5	9.0	13.0	18.0	25.0	36.0	51.0	72.0	102	144	204	288
	6<m≤10	4.7	6.5	9.5	13.0	19.0	26.0	37.0	53.0	75.0	106	149	211	299
	10<m≤16	4.9	7.0	10.0	14.0	20.0	28.0	39.0	56.0	79.0	112	158	223	316
	16<m≤25	5.5	7.5	11.0	15.0	21.0	30.0	43.0	60.0	85.0	120	170	241	341
	25<m≤40	6.0	8.5	12.0	17.0	24.0	34.0	47.0	67.0	95.0	134	190	269	380
280<d≤560	0.5≤m≤2	5.5	8.0	11.0	16.0	23.0	32.0	46.0	64.0	91.0	129	182	257	364
	2<m≤3.5	6.0	8.0	12.0	16.0	23.0	33.0	46.0	65.0	92.0	131	185	261	370
	3.5<m≤6	6.0	8.5	12.0	17.0	24.0	33.0	47.0	66.0	94.0	133	188	266	376
	6<m≤10	6.0	8.5	12.0	17.0	24.0	34.0	48.0	68.0	97.0	137	193	274	387
	10<m≤16	6.5	9.0	13.0	18.0	25.0	36.0	50.0	71.0	101	143	202	285	404
	16<m≤25	6.5	9.5	13.0	19.0	27.0	38.0	54.0	76.0	107	151	214	303	428
	25<m≤40	7.5	10.0	15.0	21.0	29.0	41.0	58.0	83.0	117	165	234	331	468
	40<m≤70	8.5	12.0	17.0	24.0	34.0	48.0	68.0	95.0	135	191	270	382	540

表 9.5　齿廓总偏差 F_α(摘自《圆柱齿轮 精度制 第 1 部分：
齿轮同侧齿面偏差的定义和允许值》(GB/T 10095.1—2008)) μm

分度圆直径 d/mm	法向模数 m/mm	精度等级												
		0	1	2	3	4	5	6	7	8	9	10	11	12
5≤d≤20	0.5≤m≤2	0.8	1.1	1.6	2.3	3.2	4.6	6.5	9.0	13.0	18.0	26.0	37.0	52.0
	2<m≤3.5	1.2	1.7	2.3	3.3	4.7	6.5	9.5	13	19	26	37	53	75
20<d≤50	0.5≤m≤2	0.9	1.3	1.8	2.6	3.6	5.0	7.5	10	15	21	29	41	58
	2<m≤3.5	1.3	1.8	2.5	3.6	5.0	7.0	10	14	20	29	40	57	81
	3.5<m≤6	1.6	2.2	3.1	4.4	6.0	9.0	12	18	25	35	50	70	99
	6<m≤10	1.9	2.7	3.8	5.5	7.5	11.0	15	22	31	43	61	87	123
50<d≤125	0.5≤m≤2	1.0	1.5	2.1	2.9	4.1	6.0	8.5	12	17	23	33	47	66
	2<m≤3.5	1.4	2.0	2.8	3.9	5.5	8.0	11	16	22	31	44	63	89
	3.5<m≤6	1.7	2.4	3.4	4.8	6.5	9.5	13	19	27	38	54	76	108
	6<m≤10	2.0	2.9	4.1	6.0	8.0	12.0	16	23	33	46	65	92	131
	10<m≤16	2.5	3.5	5.0	7.0	10.0	14	20	28	40	56	79	112	159
	16<m≤25	3.0	4.2	6.0	8.5	12.0	17	24	34	48	68	96	136	192
125<d≤280	0.5≤m≤2	1.2	1.7	2.4	3.5	4.9	7.0	10	14	20	28	39	55	78
	2<m≤3.5	1.6	2.2	3.2	4.5	6.5	9.0	13	18	25	36	50	71	101
	3.5<m≤6	1.9	2.6	3.7	5.5	7.5	11	15	21	30	42	60	84	119
	6<m≤10	2.2	3.2	4.5	6.5	9.0	13	18	25	36	50	71	101	143
	10<m≤16	2.7	3.8	5.5	7.5	11.0	15	21	30	43	60	85	121	171
	16<m≤25	3.2	4.5	6.5	9.0	13.0	18	25	36	51	72	102	144	204
	25<m≤40	3.8	5.5	7.5	11.0	15.0	22	31	43	61	87	123	174	246
280<d≤560	0.5≤m≤2	1.5	2.1	2.9	4.1	6.0	8.5	12	17	23	33	47	66	94
	2<m≤3.5	1.8	2.6	3.6	5.0	7.5	10	15	21	29	41	58	82	116
	3.5<m≤6	2.1	3.0	4.2	6.0	8.5	12	17	24	34	48	67	95	135
	6<m≤10	2.5	3.5	4.9	7.0	10.0	14	20	28	40	56	79	112	158
	10<m≤16	2.9	4.1	6.0	8.0	12.0	16	23	33	47	66	93	132	186
	16<m≤25	3.4	4.8	7.0	9.5	14.0	19	27	39	55	78	110	155	219
	25<m≤40	4.1	6.0	8.0	12.0	16.0	23	33	46	65	92	131	185	261
	40<m≤70	5.0	7.0	10.0	14.0	20.0	28	40	57	80	113	160	227	321

表 9.6　螺旋线总偏差 F_β(摘自《圆柱齿轮 精度制 第 1 部分：
齿轮同侧齿面偏差的定义和允许值》(GB/T 10095.1—2008)) μm

分度圆直径 d/mm	齿宽 b/mm	精度等级												
		0	1	2	3	4	5	6	7	8	9	10	11	12
5≤d≤20	4≤b≤10	1.1	1.5	2.2	3.1	4.3	6	8.5	12	17	24	35	49	69
	10<b≤20	1.2	1.7	2.4	3.4	4.9	7	9.5	14	19	28	39	55	78
	20<b≤40	1.4	2.0	2.8	3.9	5.5	8	11	16	22	31	45	63	89
	40<b≤80	1.6	2.3	3.3	4.6	6.5	9.5	13	19	26	37	52	74	105
20<d≤50	4≤b≤10	1.1	1.6	2.2	3.2	4.5	6.5	9	13	18	25	36	51	72
	10<b≤20	1.3	1.8	2.5	3.6	5.0	7	10	14	20	29	40	57	81
	20<b≤40	1.4	2.0	2.9	4.1	5.5	8	11	16	23	32	46	65	92

分度圆直径 d/mm	齿宽 b/mm	精度等级											
		0	1	2	3	4	5	6	7	8	9	10	11	12
20<d≤50	40<b≤80	1.7	2.4	3.4	4.8	6.5	9.5	13	19	27	38	54	76	107
	80<b≤160	2.0	2.9	4.1	5.5	8	11	16	23	32	46	65	92	130
50<d≤125	4≤b≤10	1.2	1.7	2.4	3.3	4.7	6.5	9.5	13	19	27	38	53	76
	10<b≤20	1.3	1.9	2.6	3.7	5.5	7.5	11	15	21	30	42	60	84
	20<b≤40	1.5	2.1	3.0	4.2	6	8.5	12	17	24	34	48	68	95
	40<b≤80	1.7	2.5	3.5	4.9	7	10	14	20	28	39	56	79	111
	80<b≤160	2.1	2.9	4.2	6	8.5	12	17	24	33	47	67	94	133
	160<b≤250	2.5	3.5	4.9	7	10	14	20	28	40	56	79	112	158
	250<b≤400	2.9	4.1	6	8	12	16	23	33	46	65	92	130	184
125<d≤280	4≤b≤10	1.3	1.8	2.5	3.6	5	7	10	14	20	29	40	57	81
	10<b≤20	1.4	2.0	2.8	4	5.5	8	11	16	22	32	45	63	90
	20<b≤40	1.6	2.2	3.2	4.5	6.5	9	13	18	25	36	50	71	101
	40<b≤80	1.8	2.6	3.6	5	7.5	10	15	21	29	41	58	82	117
	80<b≤160	2.2	3.1	4.3	6	8.5	12	17	25	35	49	69	98	139
	160<b≤250	2.6	3.6	5	7	10	14	20	29	41	58	82	116	164
	250<b≤400	3.0	4.2	6	8.5	12	17	24	34	47	67	95	134	190
	400<b≤650	3.5	4.9	7	10	14	20	28	40	56	79	112	158	224
280<d≤560	10<b≤20	1.5	2.1	3	4.3	6	8.5	12	17	24	34	48	68	97
	20<b≤40	1.7	2.4	3.4	4.8	6.5	9.5	13	19	27	38	54	76	108
	40<b≤80	1.9	2.7	3.9	5.5	7.5	11	15	22	31	44	62	87	124
	80<b≤160	2.3	3.2	4.6	6.5	9	13	18	26	36	52	73	103	146
	160<b≤250	2.7	3.8	5.5	7.5	11	15	21	30	43	60	85	121	171
	250<b≤400	3.1	4.3	6	8.5	12	17	25	35	49	70	98	139	197
	400<b≤650	3.6	5.0	7	10	14	20	29	41	58	82	115	163	231
	650<b≤1000	4.3	6.0	8.5	12	17	24	34	48	68	96	136	193	272

对齿轮工作面和非工作面可规定不同精度等级，或对于不同的偏差可规定不同的精度等级，也可仅对工作齿面规定不同的精度等级。除特殊规定外，均在接近齿高中部和(或)齿宽中部的位置测量。当公差数值很小，尤其是小于 5 μm 时，要求测量仪器具有足够的精度，以确保测量值能达到要求的重复精度。

另外，除特殊规定外，齿廓与螺旋线偏差至少测三个齿的两侧齿面，这三个齿应取在沿齿轮圆周近似三等分位置处。单个齿距偏差需对每个齿轮的两侧都进行测量。

有些偏差的测量不是必需的，如切向综合偏差、齿廓形状偏差和倾斜偏差。这些偏差的检测是在供需双方同意时进行的，有时可替代其他的检测方法。表 9.7、表 9.8、表 9.9分别列出了切向综合偏差、径向综合偏差、径向跳动公差、齿廓形状偏差和螺旋线倾斜偏差的允许值。

表 9.7 一齿切向综合偏差 f_i'、齿廓形状偏差、径向跳动公差 F_r (摘自《圆柱齿轮 精度制 第2部分：径向综合偏差与径向跳动的定义和允许值》GB/T 10095.2 -2008)　　μm

分度圆直径 d/mm	法向模数 m/mm	f_i'				$f_{f\alpha}$				F_r			
		5	6	7	8	5	6	7	8	5	6	7	8
5≤d≤20	0.5≤m≤2	14	19	27	38	3.5	5	7	10	9	13	18	25
	2<m≤3.5	16	23	32	45	5.0	7	10	14	9.5	13	19	27
20<d≤50	0.5≤m≤2	14	20	29	41	4	5.5	8	11	11	16	23	32
	2<m≤3.5	17	24	34	48	5.5	8	11	16	12	17	24	34
	3.5<m≤6	19	27	38	54	7	9.5	14	19	12	17	25	35
	6<m≤10	22	31	44	63	8.5	12	17	24	13	19	26	37
50<d≤125	0.5≤m≤2	16	22	31	44	4.5	6.5	9	13	15	21	29	42
	2<m≤3.5	18	25	36	51	6	8.5	12	17	15	21	30	43
	3.5<m≤6	20	29	40	57	7.5	10	15	21	16	22	31	44
	6<m≤10	23	33	47	66	9	13	18	25	16	23	33	46
	10<m≤16	27	38	54	77	11	15	22	31	18	25	35	50
	16<m≤25	32	46	65	91	13	19	26	37	19	27	39	55
125<d≤280	0.5≤m≤2	17	24	34	49	5.5	7.5	11	15	20	28	39	55
	2<m≤3.5	20	28	39	56	7	9.5	14	19	20	28	40	56
	3.5<m≤6	22	31	44	62	8	12	16	23	20	29	41	58
	6<m≤10	25	35	50	70	10	14	20	28	21	30	42	60
	10<m≤16	29	41	58	82	12	17	23	33	22	32	45	63
	16<m≤25	34	48	68	96	14	20	28	40	24	34	48	68
	25<m≤40	41	58	82	116	17	24	34	48	27	36	54	76
280<d≤560	0.5≤m≤2	19	27	39	54	6.5	9	13	18	26	36	51	73
	2<m≤3.5	22	31	44	62	8	11	16	22	26	37	52	74
	3.5<m≤6	24	34	48	68	9	13	18	26	27	38	53	75
	6<m≤10	27	38	54	76	11	15	22	31	27	39	55	77
	10<m≤16	31	44	62	88	13	18	26	36	29	40	57	81
	16<m≤25	36	51	72	102	15	21	30	43	30	43	61	86
	25<m≤40	43	61	86	122	18	25	36	51	33	47	66	94
	40<m≤70	55	78	110	155	22	31	44	62	38	54	76	108

表 9.8 径向综合总偏差、一齿径向综合偏差(摘自《圆柱齿轮 精度制 第2部分：径向综合偏差与径向跳动的定义和允许值》(GB/T 10095.2—2008)　μm

分度圆直径 d/mm	法向模数 m/mm	F_i''						f_i''					
		4	5	6	7	8	9	4	5	6	7	8	9
5≤d≤20	0.2≤m≤0.5	7.5	11	15	21	030	042	1.0	2.0	2.5	3.5	5.0	7.0
	0.5<m≤0.8	8	12	16	23	033	046	2.0	2.5	4.0	5.5	7.5	11
	0.8<m≤1	9	12	18	25	035	050	2.5	3.5	5.0	7.0	10	14
	1<m≤1.5	10	14	19	27	38	54	3.0	4.5	6.5	9.0	13	18
	1.5<m≤2.5	11	16	22	32	45	63	4.5	6.5	9.5	13	19	26
	2.5<m≤4	14	20	28	39	56	79	7.0	10	14	20	29	41
20<d≤50	0.2≤m≤0.5	9	13	19	26	37	52	1.5	2.0	2.5	3.5	5.0	7.0
	0.5<m≤0.8	10	14	20	28	40	56	2.0	2.5	4.0	5.5	7.5	11
	0.8<m≤1	11	15	21	30	42	60	2.5	3.5	5.0	7.0	10	14

分度圆直径 d/mm	法向模数 m/mm	F_i''						f_i''					
		4	5	6	7	8	9	4	5	6	7	8	9
20<d≤50	1<m≤1.5	11	16	23	32	45	64	3.0	4.5	6.5	9.0	13	18
	1.5<m≤2.5	13	18	26	37	52	73	4.5	6.5	9.5	13	19	26
	2.5<m≤4	16	22	31	44	63	89	7.0	10	14	20	29	41
	4<m≤6	20	28	39	56	79	111	11	15	22	31	43	61
	6<m≤10	26	37	52	74	104	147	17	24	34	48	67	95
50<d≤125	0.2≤m≤0.5	12	16	23	33	46	66	1.5	2.0	2.5	3.5	5.0	7.5
	0.5<m≤0.8	12	17	25	35	49	70	2.0	3.0	4.0	5.5	8.0	11
	0.8<m≤1.0	13	18	26	36	52	73	2.5	3.5	5.0	7.0	10	14
	1.0<m≤1.5	14	19	27	39	55	77	3.0	4.5	6.5	9.0	13	18
	1.5<m≤2.5	15	22	31	43	61	86	4.5	6.5	9.5	13	19	26
	2.5<m≤4	18	25	36	51	72	102	7.0	10	14	20	29	41
	4<m≤6.0	22	31	44	62	88	124	11	15	22	31	44	62
	6<m≤10	28	40	57	80	114	161	17	24	34	48	67	95
125<d≤280	0.2≤m≤0.5	15	21	30	42	60	85	1.5	2.0	2.5	3.5	5.5	7.5
	0.5<m≤0.8	16	22	31	44	63	89	2.0	3.0	4.0	5.5	8.0	11
	0.8<m≤1.0	16	23	33	46	65	92	2.5	3.5	5.0	7.0	10	14
	1.0<m≤1.5	17	24	34	48	68	97	3.0	4.5	6.5	9.0	13	18
	1.5<m≤2.5	19	26	37	53	75	106	4.5	6.5	9.5	13	19	27
	2.5<m≤4	21	30	43	61	86	121	7.5	10	15	21	29	41
	4<m≤6.0	25	36	51	72	102	144	11	15	22	31	44	62
	6<m≤10	32	45	64	90	127	180	17	24	34	48	67	95

表 9.9　螺旋线形状偏差 $f_{f\beta}$ 和螺旋线倾斜极限偏差 $\pm f_{H\beta}$（摘自《圆柱齿轮　精度制 第 1 部分：齿轮同侧齿面偏差的定义和允许值》GB/T 10095.1—2008）　　μm

分度圆直径 d /mm	齿宽 b/mm	精度等级												
		0	1	2	3	4	5	6	7	8	9	10	11	12
5≤d≤20	4≤b≤10	0.8	1.1	1.5	2.2	3.1	4.4	6	8.5	12	17	25	35	49
	10<b≤20	0.9	1.2	1.7	2.5	3.5	4.9	7	10	14	20	28	39	56
	20<b≤40	1.0	1.4	2.0	2.8	4.0	5.5	8	11	16	22	32	45	64
	40<b≤80	1.2	1.7	2.3	3.3	4.7	6.5	9.5	13	19	26	37	53	75
20<d≤50	4≤b≤10	0.8	1.1	1.6	2.3	3.2	4.5	6.5	9	13	18	26	36	51
	10<b≤20	0.9	1.3	1.8	2.5	3.6	5.0	7	10	14	20	29	41	58
	20<b≤40	1.0	1.4	2.0	2.9	4.1	6.0	8	12	16	23	33	46	65
	40<b≤80	1.2	1.7	2.4	3.4	4.8	7.0	9.5	14	19	27	38	54	77
	80<b≤160	1.4	2.0	2.9	4.1	6.0	8.0	12	16	23	33	46	65	93
50<d≤125	4≤b≤10	0.8	1.2	1.7	2.4	3.4	4.8	6.5	9.5	13	19	27	38	54
	10<b≤20	0.9	1.3	1.9	2.7	3.8	5.5	7.5	11	15	21	30	43	60
	20<b≤40	1.1	1.5	2.1	3.0	4.3	6	8.5	12	17	24	34	48	68
	40<b≤80	1.2	1.8	2.5	3.5	5.0	7	10	14	20	28	40	56	79
	80<b≤160	1.5	2.1	3.0	4.2	6.0	8.5	12	17	24	34	48	67	95
	160<b≤250	1.8	2.5	3.5	5.0	7.0	10	14	20	28	40	56	80	113
	250<b≤400	2.1	2.9	4.1	6.0	8.0	12	16	23	33	46	66	93	132

分度圆直径 d /mm	齿宽 b/mm	精度等级												
		0	1	2	3	4	5	6	7	8	9	10	11	12
125<d≤280	4≤b≤10	0.9	1.3	1.8	2.5	3.6	5	7	10	14	20	29	41	58
	10<b≤20	1.0	1.4	2.0	2.8	4.0	5.5	8	11	16	23	32	45	64
	20<b≤40	1.1	1.6	2.2	3.2	4.5	6.5	9	13	18	25	36	51	72
	40<b≤80	1.3	1.8	2.6	3.7	5.0	7.5	10	15	21	29	42	59	83
	80<b≤160	1.5	2.2	3.1	4.4	6.0	8.5	12	17	25	35	49	70	99
	160<b≤250	1.8	2.6	3.6	5.0	7.5	10	15	21	29	41	58	83	117
	250<b≤400	2.1	3.0	4.2	6.0	8.5	12	17	24	34	48	68	96	135
	400<b≤650	2.5	3.5	5.0	7.0	10	14	20	28	40	56	80	113	160

9.4.3　齿轮副侧隙

齿轮副侧隙由齿轮工作条件决定,与齿轮的精度等级无关。如汽轮机中的齿轮传动,因工作温度升高,为保证正常润滑,避免因发热而卡死,要求有大的保证侧隙;而对于需要正反转读数机构中的齿轮传动,为避免空程的影响,则要求有较小的保证侧隙。齿轮副侧隙是在装配后自然形成的,侧隙的大小主要取决于齿厚和中心距。

影响法向最小侧隙 j_{hnmin} 的因素主要有:箱体、轴和轴泵的偏斜;因箱体误差和轴承的间隙导致齿轮轴线的不对准和歪斜;安装误差,如轴的偏心;轴承的径向圆跳动;温度影响 (箱体与齿轮工作温度和材料膨胀系数差异所致);旋转零件的离心胀大;润滑剂的允许污染以及非金属材料的熔胀等。

由于各种因素影响,计算所需法向最小侧隙是较困难的,为简单起见,对中等模数、节圆速度小于 15 m/s,齿轮与箱体材料为黑色金属,轴、轴泵都采用商业制造公差的齿轮传动,推荐按下式计算:

$$j_{hnmin} = \frac{2}{3}(0.06 + 0.0005a_i + 0.03m_n) \tag{9-7}$$

式中, a_i 为中心距,取绝对值。

新标准中齿厚偏差由设计者规定。虽然在新标准的配合制中仍采用的是"基中心距制",即在中心距一定的情况下,采用控制轮齿齿厚或公法线长度及测球(圆柱)尺寸的极限偏差来控制齿侧间隙,但其偏差值由设计人员根据需要给定,从而使标准更具灵活性。

最小侧隙 j_{hnmin} 是由齿厚上偏差 E_{sns}(为负值)保证的。

若主动轮与被动轮取相同的齿厚上偏差,即 $E_{sns1}=E_{sns2}$

则有

$$E_{sns1}=E_{sns2}=-j_{hnmin}/2\cos(\alpha_n) \tag{9-8}$$

最大侧隙由齿厚下偏差 E_{sni} 控制。齿厚上偏差 E_{sns} 确定后，可根据齿厚公差 T_{sn} 确定其下偏差 E_{sni}。其中齿厚公差 T_{sn} 由齿圈径向跳动公差 F_r 和切齿时径向进刀公差 b_r 两项组成，将它们按随机误差合成得：

$$T_{sn} = 2 \tan \alpha_n \sqrt{F_r^2 + b_r^2} \tag{9-9}$$

式中，F_r 为齿轮径向跳动公差；b_r 为切齿径向进刀公差，相当于一般尺寸的加工误差，按加工精度确定。通常 b_r 值按齿轮精度等级由分度圆直径查表确定，参考表 9.10 进行选取。

根据齿厚公差计算值 T_{sn}，可求出齿厚下偏差计算值 E_{sn}：

$$E_{sni} = E_{sns} - T_{sn} \tag{9-10}$$

公法线平均长度偏差的换算

在实际测量齿轮时，常用测公法线长度极限偏差取代齿厚偏差测量，它们之间存在以下关系：

$$E_{bns} = E_{sns} \cos \alpha_n \tag{9-11}$$

$$E_{bni} = E_{sni} \cos \alpha_n \tag{9-12}$$

由于对最大侧隙 j_{hnmax} 一般无严格要求，故一般情况下不需校核。但对一些精密分度齿轮或读数齿轮，对齿轮的回转精度有要求时，需校核最大侧隙 j_{hnmax}，如不能满足要求，可压缩 f_a 或 T_{sn}，以减小 j_{hnmax} 值。

表 9.10　切齿径向进刀公差 b_r

齿轮精度	3	4	5	6	7	8	9	10
b_r 值	IT7	1.26IT7	IT8	1.26IT8	IT9	1.26IT9	IT10	1.26IT10

9.4.4　齿轮副精度

1. 中心距极限偏差 $\pm f_a$

中心距偏差不但会影响齿侧间隙，而且对齿轮啮合的重合度也有影响，因此必须加以控制。国家标准仅仅给出了考虑中心距公差的因素，没有给出具体偏差值。设计者可以借鉴某些成型的老产品来确定中心距偏差，也可以参考旧标准来选择 $\pm f_a$ 值，如表 9.11 所示。

2. 轴线平行度偏差

国家标准规定，垂直平面内的轴线平行度偏差：

$$f_{\Sigma\beta} = 0.5(L/b)F_\beta \tag{9-13}$$

式中：L 为轴承中间距离；b 为齿宽；F_β 为螺旋线总偏差(对直齿轮为齿向公差)。

轴线平面内的平行度偏差 $f_{\Sigma\delta}$ 为

$$f_{\Sigma\delta} = 2f_{\Sigma\beta} \tag{9-14}$$

表 9.11　中心距极限偏差±f_a 的数值(摘自《渐开线圆柱齿轮精度》(GB 10095—2008))　　　μm

齿轮精度等级		5~6	7~8	9~10	齿轮精度等级		5~6	7~8	9~10
f_a		$\dfrac{IT7}{2}$	$\dfrac{IT8}{2}$	$\dfrac{IT9}{2}$	f_a		$\dfrac{IT7}{2}$	$\dfrac{IT8}{2}$	$\dfrac{IT9}{2}$
齿轮副中心距/mm	6~10	7.5	11	18	齿轮副中心距/mm	>180~250	23	36	57.5
	10~18	9	13.5	21.5		>250~315	26	40.5	65
	18~30	10.5	16.5	26		>315~400	28.5	44.5	70
	30~50	12.5	19.5	31		>400~500	31.5	48.5	77.5
	50~80	15	23	37		>500~630	35	55	87
	80~120	17.5	27	43.5		>630~800	40	62	100
	120~180	20	31.5	50					

3. 接触斑点

检验产品齿轮在其箱体内啮合所产生的接触斑点可用于评定齿面间的载荷分布情况，这对于低速动力齿轮尤为重要。在《圆柱齿轮　检验实施规范　第 4 部分：表面结构和轮齿接触斑点的检验》(GB/T 18620.4—2008)中给出了直齿、斜齿轮装配后接触斑点的推荐值。

9.4.5　齿坯精度

齿坯是供制造齿轮用的工件。齿坯的尺寸偏差、形位误差和表面粗糙度等几何参数误差不仅直接影响齿轮的加工质量和检验精度，还影响齿轮副的接触精度和运行的平稳性。因此，应尽量控制齿坯精度以保证齿轮的加工质量。

本节根据《圆柱齿轮　检验实施规范　第 3 部分：齿轮坯、轴中心距和轴线平行度的检验》(GB/Z 18620.3—2008)中有关规定确定了基准轴线和齿坯公差。

1. 确定基准轴线的方法

齿轮的基准轴线是指制造者(和检测者)用来确定单个轮齿的齿廓、齿距等偏差的轴线。为了保证齿轮的精度要求，设计时应使基准轴线和工作轴线重合，即将安装面作为确定基准轴线的基准面。确定基准轴线，通常有以下三种方法。

(1)　如图 9.11 所示，用两个短圆柱或圆锥面上设定的两个圆的圆心连线确定为基准线(即两个要素组成的公共基准)。

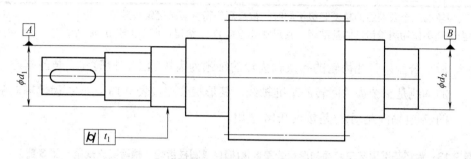

图 9.11　基准轴线的确定方法(1)

(2)　如图 9.12 所示，用一个长圆柱或圆锥面来确定的轴线为基准轴线，圆柱孔的轴线可以用与之正确装配的工作心轴来模拟。

(3)　如图 9.13 所示，用一个"短"圆柱孔(或圆柱面)上的一个圆心来确定基准轴线的位置，其方向垂直于它的一个基准面。

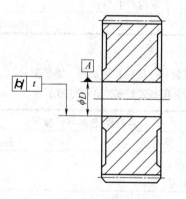
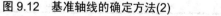
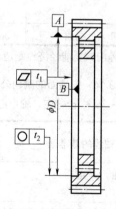

图 9.12　基准轴线的确定方法(2)　　　　图 9.13　基准轴线的确定方法(3)

2. 齿坯公差的给定方法

齿坯公差是指在齿坯上，影响轮齿加工精度和齿轮传动质量的三个表面的几何公差：尺寸公差、形位公差以及表面粗糙度。

● 尺寸公差：在国家标准中没有规定，依据旧标准，参照表 9.12 选取。

表 9.12 齿坯尺寸公差和形状公差数值

齿轮精度等级		6	7	8	9
孔	尺寸公差	IT6	IT7		IT8
	形状公差	6	7		8
轴	尺寸公差	IT5	IT6		IT7
	形状公差	5	6		7
顶圆直径公差			IT8		IT9

注：①当齿轮的三个公差组的精度等级不同时，按最高的精度等级确定公差值。
　　②当顶圆不作为测量齿厚的基准时，其尺寸公差按 IT11 给定，但不大于 $0.1m_n$。

- 形状公差：带孔齿轮的孔或轴齿轮的轴颈为齿轮加工、检验和安装的基准面，它的轴线是整个齿轮回转的基准轴线，其形状公差按表 9.13 选取；齿轮轴向基准面的位置(轴向跳动)公差按表 9.14 选用。

表 9.13 齿坯基准面与安装面的形状公差数值(摘自《圆柱齿轮　检验实施规范　第 3 部分：齿轮坯、轴中心距和轴线平行》(GB/Z 18620.3—2008))

确定轴线的基准面	公差项目		
	圆度	圆柱度	平面度
两个"短"圆柱或圆锥形基准面	$0.04(L/b)F_\beta$ 或 $0.1F_p$ 取两者中小者		
一个"长"圆柱或圆锥形基准面		$0.04(L/b)F_\beta$ 或 $0.1F_p$ 取两者中小者	
一个短圆柱面和一个端面	$0.06F_p$		$0.06(Dd/b)F_\beta$

注：齿轮坯的公差应减至能经济地制造的最小值。

表 9.14 安装面的跳动公差(摘自《圆柱齿轮　检验实施规范　第 3 部分：齿轮坯、轴中心距和轴线平行》(GB/Z 18620.3—2008))

确定轴线的基准面	跳动量(总的指示幅度)	
	径向	轴向
仅指圆柱或圆锥形基准面	$(0.15/b)F_\beta$ 或 $0.3F_p$ 取两者中大者	
一个圆柱基准面和一个端面基准面	$0.3F_p$	$(0.2Dd/b)F_\beta$

- 表面粗糙度：齿坯各基准面的表面粗糙度在齿轮新标准中没有规定，可参照表 9.15 选用。齿面表面粗糙度可按《圆柱齿轮　检验实施规范　第 4 部分：表面结构和轮齿接触斑点的检验》(GB/Z 18620.4—2008)的规定选用。

表 9.15　齿轮各面的表面粗糙度(R_a)推荐值　　　　　　　μm

	5	6	7		8	9	
轮齿齿面	0.32～0.63	0.63～1.25	1.25	2.5	5(2.5)	5	10
齿面加工方法	磨齿	磨或珩	剃或珩	精滚精插	插或滚齿	滚齿	铣齿
齿轮基准孔	0.32～0.63	1.25	1.25～2.5			5	
齿轮轴基准轴颈	0.32	0.63	1.25		2.5		
齿轮基准端面	2.5～5	2.5～5	2.5～5			5	
齿轮顶圆	1.25～2.5	5(6.3)	5(6.3)				

9.4.6　齿轮精度的标注

　　齿轮精度等级及齿厚极限偏差在图样上的标注，旧标准规定在齿轮零件图上应标注齿轮的精度等级和齿厚极限偏差的字母代号，新标准对此无明确规定，只是规定了在文件中需叙述齿轮精度要求时，应注明文件号 GB/T 10095.1 或 GB/T 10095.2。为了在图样上清楚地表明齿轮的精度等级和齿厚极限偏差，建议对齿轮精度等级和齿厚偏差的标注采用如下方法。

- 若齿轮的各检验项目为同一精度等级，可直接标注精度等级和标准号。如齿轮各检验项目同为 7 级，则标注为：7 GB/T 10095.1 或 7 GB/T 10095.2。
- 若齿轮各检验项目的精度等级不同时，应分别标注，如 $6(F_\alpha)$，$7(F_p、F_\beta)$，GB/T 10095.1 以上精度等级应注明在图样右上角的齿轮参数表中。

9.4.7　齿轮精度设计

　　根据前面介绍的齿轮的各项误差及齿轮传动的国家标准，下面介绍齿轮精度设计方法。其步骤如下。

(1)　确定齿轮的精度等级。

(2)　齿轮检验组的选择及其公差值的确定。

(3)　选择侧隙和计算齿厚偏差。

(4)　确定齿坯公差和表面粗糙度。

(5)　公法线平均长度极限偏差的换算。

(6)　绘制齿轮零件图。

　　【例 9-1】现有某机床传动箱中传动轴上一对直齿圆柱齿轮，$z_1 = 26$，$z_2 = 56$，$m = 2.75$，$b_1 = 28$，$b_2 = 24$，两轴承中间距离 $L = 90$mm，$n_1 = 1650$r/min，齿轮与箱体材料分别

为钢和铸铁，单件小批生产。试设计小齿轮精度，确定检验项目，画出齿轮工作图。

解：

(1) 确定齿轮精度等级

设齿轮既传递运动又传递动力，因此可根据其节圆运动速度确定精度等级：

$$v = \frac{\pi d n}{60 \times 1000} = \frac{3.14 \times 2.75 \times 26 \times 1650}{60 \times 1000}\,\text{m/s} = 6.2\,\text{m/s}$$

参考表 9.1，可确定齿轮为 7 级精度，按国家标准规定，应表示为

$$7\ \text{GB 10095.1}—2008$$

(2) 选择侧隙和计算齿厚偏差

齿轮中心距为

$$a_1 = \frac{m(z_1 + z_2)}{2} = 2.75 \times \left(\frac{26 + 56}{2}\right)\text{mm} = 112.75\ \text{mm}$$

代入式(9-7)求出最小侧隙推荐值为

$$j_{\text{bn min}} = \frac{2(0.06 + 0.0005a_1 + 0.03m_\text{n})}{3}\,\text{mm} = 0.133\ \text{mm}$$

由式(9-8)得齿厚上偏差为

$$E_{\text{sns}} = -j_{\text{bn min}} / 2\cos\alpha = -0.133/(2 \times \cos 20°)\text{mm} = 0.071\ \text{mm}$$

查表 9.7 得 F_r=0.03 mm

由表 9.10 查得 b_r=IT9=0.074 mm

由式(9-9)得齿厚公差为

$$T_{\text{sns}} = 2\tan a_\text{n}\sqrt{F_\text{r}^2 + b_\text{r}^2} = 2\tan 20° \times \sqrt{0.03^2 + 0.074^2}\ \text{mm} = 0.058\ \text{mm}$$

按式(9-10)得齿厚下偏差为

$$E_{\text{sni}} = E_{\text{sns}} - T_{\text{sns}} = (-0.071 - 0.058)\text{mm} = -0.129\ \text{mm}$$

公法线长度上偏差为

$$E_{\text{bns}} = E_{\text{sns}}\cos\alpha = -0.071\cos 20°\ \text{mm} = -0.067\ \text{mm}$$

公法线长度下偏差为

$$E_{\text{bni}} = E_{\text{sni}}\cos\alpha = -0.129\cos 20°\ \text{mm} = -0.121\ \text{mm}$$

公法线公称长度为

$$k = \frac{z}{9} + 0.5 = \frac{26}{9} + 0.5 \approx 3.4\ \text{取}\ k = 3$$

$$W_{\text{公称}} = m[1.476(2k-1) + 0.014z1]$$
$$= 2.75 \times [1.476(2 \times 3 - 1) + 0.014 \times 26]\text{mm} = 21.296\ \text{mm}$$

该齿轮若检查公法线偏差，则：$21.296^{-0.067}_{-0.121}$ mm

(3) 选择检验项目及公差值

该齿轮属中等精度、小批量生产，没有对齿轮局部范围提出更严格的噪声、振动要求，因此参考表 9.2 选第 1 检验组，并查得：

$$F_p = 0.038\text{mm} \quad F_\alpha = 0.016\text{mm} \quad F_\beta = 0.017\,\text{mm}$$

(4) 确定齿轮副精度

由表 9.11 查得 $\pm f_\alpha = \pm0.027\,\text{mm}$；按公式求得：
$$f_{\sum\beta} = 0.5(L/b)F_\beta = 0.5\times(90/28)\times0.017\text{mm} = 0.027\,\text{mm}$$

按公式求得：

$$f_{\sum\delta} = 2\,f_{\sum\beta} = 2\times0.027\text{mm} = 0.054\,\text{mm}$$

(5) 确定齿坯精度

该齿轮为非连轴齿轮，按《圆柱齿轮　检验实施规范　第 3 部分：齿轮坯轴中心距和轴线平行度的检验》(GB/Z 1860.3—2008)可求出齿坯形位公差；按《圆柱齿轮　检验实施规范　第 4 部分：表面结构和轮齿接触斑点的检验》(GB/Z 18620.4—2008)查得表面粗糙度允许值，将它们标在齿轮工作图上。齿轮工作图如图 9.14 所示。齿轮工作图上的数据见表 9.16。

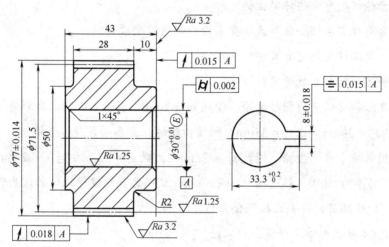

图 9.14　齿轮工作图

表 9.16　齿轮工作图上数据表

齿数	Z	26
法向模数	m_n	2.75
齿形角	α	20°
螺旋角	β	0
径向变位系数	x	0
齿顶高系数	H_α^*	1

续表

精度等级	7 GB 10095.1—2008	
配对齿轮	图号	
	齿数	56
齿轮副中心距及其偏差	$a\pm f_a$	112.75±0.027
轴线平行度偏差	$f_{\Sigma\beta}$	0.027
	$f_{\Sigma\delta}$	0.054
公法线公称长度及平均长度偏差	$W^{E_{bns}}_{E_{bni}}$	$21.296^{-0.067}_{-0.121}$
跨齿数		3
F_p	0.038	
F_α	0.016	
F_β	0.017	

9.5 习　题

1. 单个齿轮评定有哪些评定指标?

2. 为什么要规定齿坯公差? 齿坯要求检验哪些精度项目?

3. 齿轮副精度评定指标有哪些?

4. 齿轮侧隙用什么参数评定?

5. 有一7级精度的直齿圆柱齿轮, 模数 $m = 2\text{mm}$, 齿数 $z = 30$, 齿形角 $\alpha = 20°$。检验结果是: $\Delta F_r = 20\mu\text{m}$, $\Delta F_p = 35\mu\text{m}$, 问该齿轮的以上各项目是否合格?

6. 某通用机械中有一齿轮, 模数 $m = 3\text{mm}$, 齿数 $z = 32$, 齿宽 $b = 20\text{mm}$, 齿形角为20, 传递最大功率为 5kW, 转速 $n = 960\text{r/min}$, 试确定其精度等级。若该齿轮在中小厂试制生产, 确定检验项目, 并查出极限偏差值。

7. 判断题(正确的打√, 错误的打×)。

(1) 高速动力齿轮对传动平稳性和载荷分布均匀性都要求很高。　　　　( )

(2) 齿轮传动的振动和噪声是由于齿轮传递运动的不准确性引起的。　　( )

(3) 齿向误差主要反映齿宽方向的接触质量, 它是齿轮传动载荷分布均匀性的主要控制指标之一。　　　　　　　　　　　　　　　　　　　　　　　　　　( )

(4) 精密仪器中的齿轮对传递运动的准确性要求很高, 而对传动的平稳性要求不高。

( )

(5) 齿轮的一齿切向综合公差是评定齿轮传动平稳性的项目。　　　　　( )

(6) 齿形误差是用作评定齿轮传动平稳性的综合指标。　　　　　　　（　）

(7) 圆柱齿轮根据不同的传动要求，对三个公差组可以选用不同的精度等级。　（　）

(8) 齿轮副的接触斑点是评定齿轮副载荷分布均匀性的综合指标。　　　（　）

(9) 在齿轮的加工误差中，影响齿轮副侧隙的误差主要是齿厚偏差和公法线平均长度偏差。　　　　　　　　　　　　　　　　　　　　　　　　　　　　　（　）

第 10 章　尺　寸　链

本章的学习目的是了解零部件的相关尺寸、公差的内在联系，并能按具体情况计算零件几何参数的精度。本章学习的主要内容包括：尺寸链的基本概念；建立尺寸链及用互换法计算尺寸链；计算尺寸链的其他方法。

10.1　尺寸链的基本概念

在机器或仪器的设计工作中，除了需要进行运动、强度和刚度等计算外，通常还需进行几何精度分析计算。为了保证机器或仪器能顺利地进行装配，并达到预定的工作性能要求，还应从总体装配考虑，合理地确定构成机器的有关零部件的几何精度(如尺寸公差、几何公差等)。尺寸链的分析计算有助于解决上述问题。

10.1.1　尺寸链的定义及特点

在零件的加工或机器的装配过程中，由一组首尾相连的尺寸所形成的封闭尺寸组，其中某一尺寸的精度受其他所有尺寸精度的影响，这组尺寸叫作尺寸链。

图 10.1(a)所示，车床尾座顶尖轴线与主轴轴线的高度差 A_0 是车床的主要指标之一，影响这项精度的尺寸有尾座顶尖轴线高度 A_2、尾座底板厚度 A_1 和主轴轴线高度 A_3。这四个相互联系的尺寸形成封闭的尺寸组，就是尺寸链(该尺寸链也称为装配尺寸链)。

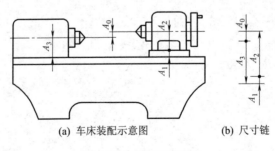

(a) 车床装配示意图　　　　(b) 尺寸链

图 10.1　装配尺寸链

又如，一个零件在加工过程中形成的有关尺寸，也是有相互联系的。图 10.2(a)所示的阶梯轴，对小端端面进行加工后，按 A_2 加工台阶表面，再按 A_1 将零件切断，此时尺寸 A_0。

也随之而定。A_0 的大小取决于 A_1 及 A_2。这样由尺寸 A_1、A_2 及 A_0 形成的封闭尺寸组，也是尺寸链(该尺寸链称为零件尺寸链)。

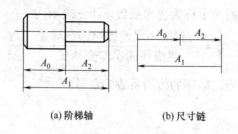

(a) 阶梯轴   (b) 尺寸链

图 10.2   零件尺寸链

综上两例可知，尺寸链具有以下特点。

- 封闭性。
- 相互制约性。

10.1.2   尺寸链的基本术语和分类

1. 基本术语

1)   环

尺寸链中的每一个尺寸称为环。环可分为封闭环和组成环。

2)   封闭环

封闭环是加工或装配过程中最后自然形成的那个尺寸，如图 10.1、图 10.2 中的尺寸 A_0。

由于封闭环是尺寸链中其他尺寸互相结合后获得的尺寸，所以封闭环的实际要素受到尺寸链中其他尺寸的影响。

3)   组成环

尺寸链中对封闭环有影响的全部环称为组成环。根据组成环对封闭环的影响，组成环可分为增环和减环。

4)   增环

在其他组成环不变的情况下，某一组成环的尺寸增大，封闭环的尺寸也随之增大；该组成环的尺寸减小，封闭环的尺寸也随之减小，则该组成环称为增环，如图 10.1 中的尺寸 A_1、A_2。

5)   减环

在其他组成环不变的情况下，某一组成环的尺寸增大，封闭环的尺寸随之减小；该组成环的尺寸减小，封闭环的尺寸随之增大，则该组成环称为减环，如图10.1中的A_3。

6) 传递系数

组成环对封闭环影响的大小称为传递系数，用ξ表示为

$$\xi = \frac{\text{对封闭环误差影响的变动量}}{\text{组成环的误差变动量}} = \frac{\partial f}{\partial A_i} \tag{10-1}$$

增环的传递系数为正号，减环的传递系数为负号。

2. 尺寸链的分类

尺寸链可以按下述特征分类。

1) 按应用范围分

(1) 零件尺寸链：这种尺寸链用以确定同一零件各尺寸的联系。

(2) 装配尺寸链：尺寸链的各组成环属于相互联系的不同零件或部件。这种尺寸链用以确定组成机器的零、部件有关尺寸的精度关系。

2) 按各环在空间中的位置分

(1) 线性尺寸链：尺寸链各环都位于同一平面内且彼此平行，如图10.1(b)、图10.2(b)所示。

(2) 平面尺寸链：尺寸链各环位于同一平面内，但其中有些环彼此不平行。

(3) 空间尺寸链：这种尺寸链各环位于不平行的平面上。

空间尺寸链和平面尺寸链可用投影法分解为线性尺寸链，然后按线性尺寸链分析计算。

3) 按尺寸链组合形式分

(1) 并联尺寸链：两个尺寸链具有一个或几个公共环，即为并联尺寸链。

(2) 串联尺寸链：两个尺寸链之间有一公共基准面的为串联尺寸链。

(3) 混合尺寸链：由并联尺寸链和串联尺寸链混合组成的尺寸链为混合尺寸链。

4) 按几何特征分

(1) 长度尺寸链：这种尺寸链中各环均为直线长度量。

(2) 角度尺寸链：这种尺寸链中包含有角度的环。角度尺寸链常用于分析或计算机械结构中有关零件要素的方向或位置精度，如平行度、垂直度、同轴度等。如图10.3所示，要保证滑动轴承座孔端面与支承底面B垂直，而公差标注要求孔轴线与孔端面垂直、孔轴线与孔支承底面B平行，从而构成角度尺寸链，如图10.3(b)所示。

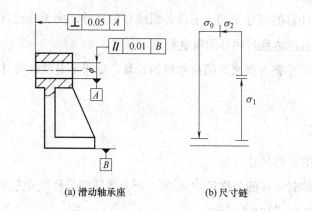

(a) 滑动轴承座　　　　　　(b) 尺寸链

图 10.3　滑动轴承座位置公差及尺寸链

10.2　尺寸链的计算

10.2.1　尺寸链计算的基本内容

1. 尺寸链计算的任务

计算尺寸链的基本任务是正确合理地确定尺寸链中各尺寸的公差和极限偏差，根据不同要求，尺寸链的计算习惯上分为以下三类。

1)　正计算

正计算即根据已给定的组成环的尺寸和极限偏差，计算封闭环的公差与极限偏差，验证其是否符合技术要求。这方面的计算主要是用来验证设计的正确性。

2)　反计算

反计算即已知封闭环的尺寸和极限偏差、各组成环的公称尺寸，求各组成环的公差与极限偏差。反计算主要用于产品设计、加工和装配工艺等方面。

3)　中间计算

已知封闭环和其他组成环的公称尺寸及极限偏差，求尺寸链中某一环的公称尺寸和极限偏差。中间计算常用于正确解决工艺过程中出现的矛盾，如加工基准的换算。

2. 解尺寸链的基本方法

解尺寸链的常用方法有：完全互换法、概率法、分组互换法、修配法、调整法。

10.2.2　完全互换法计算尺寸链

完全互换法又称极值法，它是从尺寸链中各环的极限尺寸出发进行尺寸链计算。因此，若按此方法计算的尺寸来加工工件各组成环的尺寸，则无须进行挑选或修配就能将工件装到机器上，且能达到封闭环的精度要求。

下面以直线尺寸链为例来介绍尺寸链的计算。如果不是线性尺寸链则计算时应考虑传递系数 ξ。

1. 基本公式

1) 封闭环的公称尺寸

线性尺寸链的封闭环的公称尺寸 A_0 等于所有增环的公称尺寸之和减去所有减环的公称尺寸之和(见图 10.1、图 10.2)，即

$$A_0 = \sum_{i=1}^{m} \vec{A}_i - \sum_{j=m+1}^{n-1} \overleftarrow{A}_j \tag{10-2}$$

式中：$\vec{A}_i$——增环第 i 环公称尺寸；

$\overleftarrow{A}_j$——减环第 j 环公称尺寸；

m——增环环数；

n——尺寸链总环数。

2) 封闭环的极限偏差

$$ES_0 = \sum_{i=1}^{m} ES_i - \sum_{j=m+1}^{n-1} EI_j \tag{10-3}$$

$$EI_0 = \sum_{i=1}^{m} EI_i - \sum_{j=m+1}^{n-1} ES_j \tag{10-4}$$

3) 封闭环的公差

封闭环的公差为所有组成环的公差之和为

$$T_0 = \sum_{i=1}^{n-1} T_i \tag{10-5}$$

2. 正计算和中间计算

正计算和中间计算尺寸链的步骤如下。

(1) 确定封闭环，按首尾相连画出尺寸链。封闭环是加工和装配过程中最后形成的那个尺寸，封闭环的确定是尺寸链计算的关键。当封闭环确定后，就要画出尺寸链。其具体做法是：从封闭环两端相连的任一组成环开始，依次查找相互联系而又影响封闭环大小的尺寸，直到封闭环的另一端为止，这些相互连接成的封闭形式的尺寸，便是该尺寸链的全部组成环。

(2) 确定增、减环。

(3) 代入相应公式计算。

【例 10-1】如图 10.4 所示，曲柄轴向装配尺寸链中，零件的尺寸和极限偏差为：$A_1 = 43.5^{+0.10}_{+0.05}$ mm，$A_2 = 2.5^{\ 0}_{-0.04}$ mm，$A_3 = 38.5^{\ 0}_{-0.07}$ mm，$A_4 = 2.5^{\ 0}_{-0.04}$ mm，试验算轴向间隙 A_0 是否在所要求的 0.05～0.25mm 范围内。

解：

(1) 绘制尺寸链图。

尺寸链如图 10.4(b)所示。

其中增环：A_1 减环：A_2、A_3、A_4

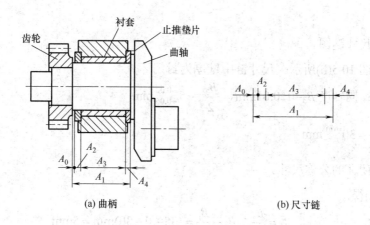

(a) 曲柄　　　　　　　　　　　(b) 尺寸链

图 10.4　曲柄轴向间隙装配示意图

(2) 求封闭环的公称尺寸。

按式(10-2)得

$$A_0 = A_1 - A_2 - A_3 - A_4 = (43.5 - 2.5 - 38.5 - 2.5)\text{mm} = 0\text{mm}$$

(3) 求封闭环的上、下极限偏差。

$$\text{ES}_0 = \sum_{i=1}^{m} \text{ES}_i - \sum_{j=m+1}^{n-1} \text{EI}_j = [+0.10 - (-0.04 - 0.07 - 0.04)]\text{mm} = +0.25\text{mm}$$

$$\text{EI}_0 = \sum_{i=1}^{m} \text{EI}_i - \sum_{j=m+1}^{n-1} \text{ES}_j = (+0.05 - 0)\text{mm} = +0.05\text{mm}$$

所以有：

$$A_0 = 0^{+0.25}_{+0.05}\text{mm}$$

由计算可知，轴向间隙在所要求的 0.05～0.25mm 范围内。

注意： 当尺寸链存在几何公差时，尺寸链计算中应将几何公差作为尺寸链的一个组成环，公称尺寸为 0，上下极限偏差为 $\pm\dfrac{t}{2}$（t 为公差值）。

【例 10-2】 如图 10.5 所示。加工轴套，镗内孔 $B_1 = \phi 60_0^{+0.06}$ mm，车外圆 $B_2 = \phi 7_{-0.12}^{-0.04}$ mm，外圆轴线对内孔轴线同轴度公差为 $\phi 0.02$ mm，求壁厚尺寸和偏差。

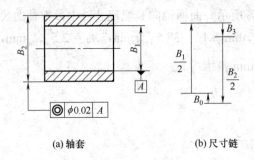

(a) 轴套　　　　　　　(b) 尺寸链

图 10.5　轴套

解:

(1) 绘制尺寸链图。

尺寸链如图 10.5(b)所示。尺寸链中壁厚为封闭环。

其中增环: 同轴度 $B_3 = 0 \pm 0.01$ mm、$\dfrac{B_2}{2} = 35_{-0.06}^{-0.02}$ mm

减环: $\dfrac{B_1}{2} = 30_0^{+0.03}$ mm

(2) 求封闭环的公称尺寸。

按式(10-2)得:

$$B_0 = \frac{B_2}{2} + B_3 - \frac{B_1}{2} = (35 + 0 - 30)\text{mm} = 5\text{mm}$$

(3) 求封闭环的上、下极限偏差

$$ES_0 = ES_2 + ES_3 - EI_1 = (-0.02 + 0.01 - 0)\text{mm} = -0.01\text{mm}$$

$$EI_0 = EI_2 + EI_3 - ES_1 = (-0.06 - 0.01 - 0.03)\text{mm} = -0.1\text{mm}$$

$\therefore \quad B_0 = 5_{-0.1}^{-0.01}$ mm

3. 反计算

已知封闭环的公差和极限偏差，计算各组成环的公差和极限偏差。

1) 各组成环的公差计算

各组成环的公差计算常用以下两种解法: 等公差法和等精度法。

(1) 等公差法。采用等公差法时，先假定各组成环的公差相等，由式(10-5)求出各组成环的平均公差 T_{av}。接着根据各环尺寸大小和加工难易程度适当调整，最后决定各环的公差 T_i。

对于线性尺寸链，则

$$T_{av} = \frac{T_0}{n-1} \tag{10-6}$$

(2)　等精度法。等精度法又称等公差级法，其特点是所有组成环采用同一公差等级，即各组成环的公差等级系数 a 相同。对于线性尺寸链

$$a_{av} = \frac{T_0}{\sum\limits_{i=1}^{n-1}(0.45\sqrt[3]{D_i} + 0.001D)} \tag{10-7}$$

根据 a_{av}，即可按标准公差计算表(见表 2.1)确定公差等级，再由标准公差数值表(见表 2.2)查出相应各组成环的尺寸公差值。

2)　各组成环的极限偏差

在各组成环公差确定后，按以下两种方法确定其极限偏差。

(1)　入体原则，即孔尺寸上极限偏差为零，轴尺寸下极限偏差为零。

(2)　对称分布原则，即所有尺寸的极限偏差=$\pm T_i/2$。

10.2.3　计算尺寸链的其他方法

1. 概率法

从尺寸链各环分布的实际可能性出发进行尺寸链计算，称为概率互换法。

在成批生产和大量生产中，零件实际要素的分布是随机的，多数情况下可考虑成正态分布或偏态分布。换句话说，如果加工中工艺调整中心接近公差带中心时，大多数零件的尺寸分布在公差中心附近，靠近极限尺寸的零件数目极少。因此，利用这一规律，将组成环公差放大，这样不但使零件易于加工，同时又能满足封闭环的技术要求，从而带来明显的经济效益。

当然，此时封闭环超出技术要求的情况是存在的，但其概率很小，所以这种方法又称大数互换法。

封闭环 A_0 为各组成环 A_i 的函数，通常在加工和装配过程中，各组成环的获得彼此间并无关系，因此，可将各组成环视为彼此独立的随机变量，则可按随机函数的标准偏差的求法得

$$\sigma_0 = \sqrt{\left(\frac{\partial A_0}{\partial A_1}\right)^2 \sigma_1^2 + \left(\frac{\partial A_0}{\partial A_2}\right)^2 \sigma_2^2 + \cdots + \left(\frac{\partial A_0}{\partial A_{n-1}}\right)^2 \sigma_{n-1}^2} \tag{10-8}$$

式中：$\sigma_0, \sigma_1, \cdots, \sigma_{n-1}$——封闭环和组成环的标准偏差；

$\partial A_0 / \partial A_1, \cdots, \partial A_0 / \partial A_{n-1}$——$\xi_1 \cdots \xi_{n-1}$ 传递函数。

可写成

$$\sigma_0 = \sqrt{\sum_{i=1}^{n-1} \xi_i^2 \sigma_i^2} \tag{10-9}$$

若组成环和封闭环尺寸偏差服从正态分布，且分布范围与公差带宽度一致，且 $T_i = 6\sigma_i$，此时封闭环的公差与组成环公差有如下关系：

$$T_0 = \sqrt{\sum_{i=1}^{n-1} \xi_i^2 T_i^2} \tag{10-10}$$

如果各环的分布不为正态分布，应引入相对分布系数 k_0 和 k_i，前者为封闭环相对分布系数，后者为各组成环相对分布系数。则

$$T_0 = \frac{\sqrt{\sum_{i=1}^{n-1} \xi_i^2 k_i^2 T_i^2}}{k_0} \tag{10-11}$$

利用概率法计算尺寸链，主要用于设计计算和验算。同极值法计算相比较，概率法设计计算主要确定各组成环的公差值，确定方法有等公差法和等精度法两种。

2. 分组装配法

采用分组装配法时，先将组成环按极值法或概率法求出的公差值扩大若干倍，使组成环加工更加容易和经济，然后按其实际要素再等分成若干组，分组数目与公差扩大的倍数相等。装配时根据大配大、小配小的原则，按对应组进行装配，以达到封闭环规定的技术要求。这种方法装配的互换性只能在同组中进行。

设按封闭环公差确定的各组成环公称尺寸平均公差值为 T_c，扩大 N 倍后为 T_c'，则

$$T_c' = N \times T_c = N \frac{T_0}{n-1} \tag{10-12}$$

采用分组互换法给组成环分配公差值时，应保证分组装配后零件结合的一致性(如孔、轴配合性质的一致性)。采用分组装配法时，所有增环公差值应等于所有减环的公差值，即：

$$\sum_{i=1}^{m} T_i = \sum_{m+1}^{n-1} T_j = \frac{1}{2} N \times T_c \tag{10-13}$$

分组装配法的主要缺点是：测量分组工作比较麻烦；在一些组内可能会产生多余零件。这种方法一般只适用于大量生产中要求精度高、尺寸链环数少、形状简单、测量分组方便的零件，一般分组数为2~4组。

3. 修配法

当尺寸链的环数较多而封闭环精度又要求较高时，可采用修配法。

修配法是将组成环精度降低，即把组成环公差扩大至经济加工公差，在装配时通过修

配的方法改变尺寸链中预先规定的某一组成环尺寸，以抵消各组成环的累积误差，达到封闭环的精度要求。这个预先选定要修配的组成环叫补偿环。

设尺寸链中各组成环的经济加工公差为 T_i'，则装配后，封闭环的公差为

$$T_0' = \sum_{i=1}^{n-1} T_i' \tag{10-14}$$

此值比封闭环规定的公差 T_0 要大，其差值为

$$T_{0补} = T_0' - T_0 \tag{10-15}$$

$T_{0补}$ 叫作尺寸链的最大补偿值，即按此来修配补偿环，满足封闭环的精度要求。

修配法的缺点是：破坏了互换性，装配时增加了装配工作量，不便组织流水线生产。修配法主要适用于单件、小批量生产。

4. 调整法

调整法是将尺寸链组成环的公称尺寸，按经济加工精度的要求给定公差值，此时封闭环的公差值比技术条件要求的值有所扩大。为了保证封闭环的技术条件，在装配时预先选定某一组成环作为补偿环。此时，不是采用切去补偿环材料的方法使封闭环达到规定的技术要求，而是用调整补偿环的尺寸或位置来达到这一目的。用于调整的补偿环一般可分为以下两种。

(1) 固定补偿环。在尺寸链中加入补偿件(如垫片、垫圈或轴套)或选择一个合适的组成环作为补偿环。补偿件可根据需要按尺寸大小分成若干组，装配时从合适的尺寸组中选择一个补偿件装入尺寸链中的预定位置，即可保证装配精度。

(2) 可动补偿环。这是一种位置可调整的组成环，装配时调整其位置，即可保证装配精度。可动补偿件在机械设计中应用很广，而且有着各种各样的结构型式。

调整法的优点：在各组成环按经济公差制造的条件下，不需任何修配加工，即可达到装配精度要求。尤其是采用可动补偿环时，可达到很高的装配精度，而且当零件磨损后，也易于恢复原来的精度。但和修配法一样，调整法也破坏了互换性。

10.3　习　　题

1. 什么叫尺寸链？如何确定封闭环、增环和减环？

2. 解尺寸链的方法有几种？分别用在什么场合？

3. 正计算、反计算的特点和应用场合各是什么？

4. 为什么封闭环的公差比任何一个组成环公差都大？

5. 在设计计算时，组成环的极限偏差是否可以任意给定？为什么？

6.判断题(正确的打√，错误的打×)

(1) 尺寸链是指在机器装配或零件加过程中，由相互连接的尺寸形成封闭的尺寸组。

                                                                           ( )

(2) 在装配尺寸链中，封闭环是在装配过程中形成的一环。   ( )

(3) 在装配尺寸链中，每个独立尺寸的偏差都将影响装配精度。   ( )

(4) 零件工艺尺寸链一般选择最重要的环作封闭环。   ( )

(5) 组成环是指尺寸链中对封闭环没有影响的全部环。   ( )

(6) 尺寸链中，增环尺寸增大，其他组成环尺寸不变，封闭环尺寸增大。 ( )

(7) 封闭环基本尺寸等于各组成环基本尺寸的代数和。   ( )

(8) 封闭环的公差值一定大于任何一个组成环的公差值。   ( )

(9) 封闭环的上偏差等于所有增环上偏差之和减去所有减环下偏差之和。 ( )

(10) 尺寸链的特点是它具有封闭性和制约性。   ( )

(11) 用完全互换法解尺寸链能保证零部件的完全互换性。   ( )

7. 设轴瓦和轴的配合要求为 $\phi 60H7/f6$，因磨损需更换轴瓦，并对轴进行修复，轴在修磨后装配前需镀铬，镀铬层厚度为 0.012 ± 0.002 mm，试确定轴磨外圆工序尺寸和偏差。

8. 加工一零件如图 10.6 所示。加工顺序如下：(1)加工直径为 $A_1 = \phi 62_{-0.2}^{0}$ 外圆，(2)按 A_2 调整刀具铣平面，(3)磨外圆 $A_3 = \phi 60_{-0.02}^{0}$ 要求保证 $A_4 = 45 \pm 0.2$，求 A_2 的尺寸和偏差。

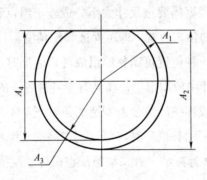

图 10.6　习题 8 图

9. 要求在轴上铣一键槽，如图 10.7 所示。加工顺序如下：车削外圆 $A_1 = \phi 70.5_{-0.1}^{0}$ mm，铣键槽深 A_2 →热处理→磨外圆 $A_3 = \phi 70_{-0.06}^{0}$ mm，要求磨削后保证 $A_4 = 62_{-0.3}^{0}$ mm，求 A_2 的尺寸和偏差。

10. 加工图 10.8 所示的钻套，先按 $\phi 30_{+0.020}^{+0.041}$ mm 磨内孔，再按 $\phi 42_{+0.017}^{+0.033}$ mm 磨外圆，外圆对内孔的同轴度要求为 $\phi 0.012$ mm，试计算该钻套壁厚的尺寸变动范围。

11. 图 10.9 所示为 T 形滑块与导槽的配合，若已知 $A_1 = 30_{-0.08}^{-0.04}$ mm，$A_2 = 30_{0}^{+0.14}$ mm，$A_3 = 23_{-0.28}^{0}$ mm，$A_4 = 24_{0}^{+0.28}$ mm，试计算当滑块与导槽大端在一侧接触时，同侧小端的间隙

范围。

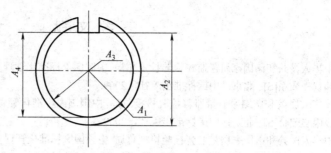

图 10.7 习题 9 图

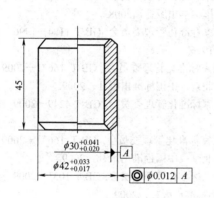

图 10.8 习题 10 图

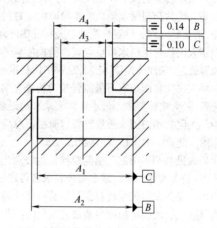

图 10.9 习题 11 图

参 考 文 献

[1] 中华人民共和国国家质量监督检验检疫总局 中国国家标准化管理委员会. GB/T 321—2005 优先数和优先数系[S]. 北京：中国标准出版社，2009.

[2] 中华人民共和国国家质量监督检验检疫总局 中国国家标准化管理委员会. GB/T 1800. 1～2—2009 极限与配合[S]. 北京：中国标准出版社，2009.

[3] 中华人民共和国国家质量监督检验检疫总局 中国国家标准化管理委员会. GB/T 1801—2009 极限与配合 公差带和配合的选择[S]. 北京：中国标准出版社，2009.

[4] 中华人民共和国国家质量监督检验检疫总局 中国国家标准化管理委员会. GB/T 1804—2000 一般公差 未注公差的线性和角度尺寸的公差[S]. 北京：中国标准出版社，2000.

[5] 中华人民共和国国家质量监督检验检疫总局 中国国家标准化管理委员会. GB/T 1182—2008 几何公差 形状、方向、位置和跳动公差标注[S]. 北京：中国标准出版社，2008.

[6] 中华人民共和国国家质量监督检验检疫总局 中国国家标准化管理委员会. GB/T 1184—1996 形状和位置公差 未注公差值[S]. 北京：中国标准出版社，1996.

[7] 中华人民共和国国家质量监督检验检疫总局 中国国家标准化管理委员会. GB/T 16671—2009 几何公差 最大实体要求、最小实体要求和可逆要求[S]. 北京：中国标准出版社，2009.

[8] 中华人民共和国国家质量监督检验检疫总局 中国国家标准化管理委员会. GB/T 4249—2009 公差原则[S]. 北京：中国标准出版社，2009.

[9] 中华人民共和国国家质量监督检验检疫总局 中国国家标准化管理委员会. GB/T 16671—2009 几何公差 最大实体要求、最小实体要求和可逆要求[S]. 北京：中国标准出版社，2009.

[10] 中华人民共和国国家质量监督检验检疫总局 中国国家标准化管理委员会. GB/T 1031—2009 表面结构 轮廓法 表面粗糙度参数及其数值[S]. 北京：中国标准出版社，2009.

[11] 中华人民共和国国家质量监督检验检疫总局 中国国家标准化管理委员会. GB/T 3505—2009 表面结构 轮廓法 术语、定义及表面结构参数[S]. 北京：中国标准出版社，2009.

[12] 中华人民共和国国家质量监督检验检疫总局 中国国家标准化管理委员会. GB/T 131—2006 技术产品文件中表面结构的表示法[S]. 北京：中国标准出版社，2006.

[13] 中华人民共和国国家质量监督检验检疫总局 中国国家标准化管理委员会. GB/T 3177—2009 光滑工件尺寸的检验[S]. 北京：中国标准出版社，2009.

[14] 中华人民共和国国家质量监督检验检疫总局 中国国家标准化管理委员会. GB/T 1957—2006 光滑极限量规 技术条件[S]. 北京：中国标准出版社，2006.

[15] 中华人民共和国国家质量监督检验检疫总局 中国国家标准化管理委员会. GB/T 307. 1—2005 滚动轴承 向心轴承 公差[S]. 北京：中国标准出版社，2005.

[16] 中华人民共和国国家质量监督检验检疫总局 中国国家标准化管理委员会. GB/T 307. 3—2005 滚动轴承 通用技术规则[S]. 北京：中国标准出版社，2005.

[17] 中华人民共和国国家质量监督检验检疫总局 中国国家标准化管理委员会. GB/T 275—2015 滚动轴承 配合[S]. 北京：中国标准出版社，2015.

[18] 中华人民共和国国家质量监督检验检疫总局 中国国家标准化管理委员会. GB/T 1095—2003 平键 键槽的剖面尺寸[S]. 北京：中国标准出版社，2003.

[19] 中华人民共和国国家质量监督检验检疫总局 中国国家标准化管理委员会. GB/ T1096—2003 普通型 平键[S]. 北京：中国标准出版社，2003.

[20] 中华人民共和国国家质量监督检验检疫总局 中国国家标准化管理委员会. GB/T 1098—2003 半圆键 键槽的剖面尺寸[S]. 北京：中国标准出版社，2003.

[21] 中华人民共和国国家质量监督检验检疫总局 中国国家标准化管理委员会. GB/T 1099. 1—2003 普通型 半圆键[S]. 北京：中国标准出版社，2003.

[22] 中华人民共和国国家质量监督检验检疫总局 中国国家标准化管理委员会. GB/T 1144—2001 矩形花键尺寸、公差和检验[S]. 北京：中国标准出版社， 2001.

[23] 中华人民共和国国家质量监督检验检疫总局 中国国家标准化管理委员会. GB/T 192—2003 普通螺纹 基本牙型[S]. 北京：中国标准出版社，2003.

[24] 中华人民共和国国家质量监督检验检疫总局 中国国家标准化管理委员会. GB/T 193—2003 普通螺纹 直径与螺距系列[S]. 北京：中国标准出版社，2003.

[25] 中华人民共和国国家质量监督检验检疫总局 中国国家标准化管理委员会. GB/T 196—2003 普通螺纹 基本尺寸[S]. 北京：中国标准出版社，2003.

[26] 中华人民共和国国家质量监督检验检疫总局 中国国家标准化管理委员会. GB/T 197—2003 普通螺纹 公差[S]. 北京：中国标准出版社，2003.

[27] 中华人民共和国国家质量监督检验检疫总局 中国国家标准化管理委员会. GB/T 2516—2003 普通螺纹 极限偏差[S]. 北京：中国标准出版社，2003.

[28] 中华人民共和国国家质量监督检验检疫总局 中国国家标准化管理委员会. GB/T 5796. 1～4—2005 梯形螺纹[S]. 北京：中国标准出版社，2005.

[29] 中华人民共和国国家质量监督检验检疫总局 中国国家标准化管理委员会. GB/T 10095. 1～2—2008 圆柱齿轮 精度制[S]. 北京：中国标准出版社，2008.

[30] 中华人民共和国国家质量监督检验检疫总局 中国国家标准化管理委员会. GB 10095—1988 渐开线圆柱齿轮精度[S]. 北京：中国标准出版社，1988.

[31] 中华人民共和国国家质量监督检验检疫总局 中国国家标准化管理委员会. GB/Z 18620. 1～4—2008 圆柱齿轮 检验实施规范[S]. 北京：中国标准出版社，2008.

[32] 中华人民共和国国家质量监督检验检疫总局 中国国家标准化管理委员会. GB/T 5847—2005 尺寸链 计算方法[S]. 北京：中国标准出版社，2005.

[33] 刘巽尔. 《GB/T 1182—2008》简介[J]. 机械工业标准化与质量，2009(5)：32～36.

[34] 薛彦成. 公差配合与测量技术[M]. 北京：机械工业出版社，1999.

[35] 王伯平. 互换性与测量技术基础[M]. 北京：机械工业出版社，1999.

[36] 陈世平，唐其林. 渐开线圆柱齿轮精度新旧国家标准比较分析[J]. 机械制造，2003(6)：58～60.

[37] 高延新，高金良. 渐开线圆柱齿轮精度国家新标准简介[J]. 机械工程师，2002(12)：61～63.

[38] 高延新，高金良. 圆柱齿轮精度新国标的应用及实例[J]. 机械工程师，2003(1)：74～76.

[39] 高金良，赵熙萍等. 齿轮精度新国标中齿距偏差的实施分析[J]. 航天标准化，2003(3)：22～24.